CONTRIBUTIONS A LA FAUNE MALACOLOGIQUE FRANÇAISE

X

MONOGRAPHIE DES ESPÈCES DE LA FAMILLE DES BUCCINIDÆ

PAR

ARNOULD LOCARD

LYON
IMPRIMERIE PITRAT AINÉ
4, RUE GENTIL, 4

1887

MONOGRAPHIE DES ESPÈCES

DE LA FAMILLE

DES BUCCINIDÆ

Extrait des *Annales de la Société linnéenne de Lyon*,
tome XXXIII, année 1886.

CONTRIBUTIONS A LA FAUNE MALACOLOGIQUE FRANÇAISE

X

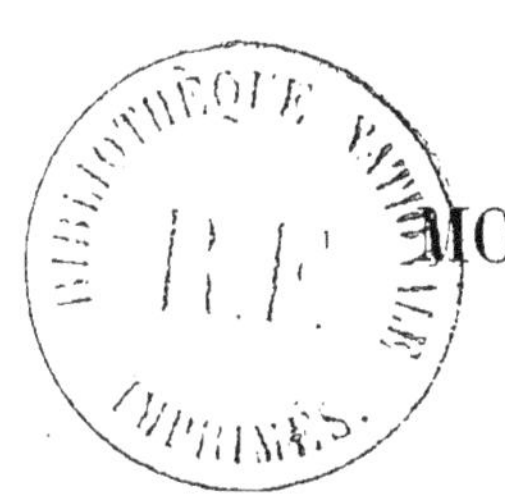

MONOGRAPHIE DES ESPÈCES

DE LA FAMILLE

DES BUCCINIDÆ

PAR

ARNOULD LOCARD

LYON

IMPRIMERIE PITRAT AINÉ

4, RUE GENTIL, 4

1887

CONTRIBUTIONS A LA FAUNE MALACOLOGIQUE FRANÇAISE

X

MONOGRAPHIE DES ESPÈCES

DE LA FAMILLE

DES BUCCINIDÆ

En publiant, il y a quelques mois, notre *Prodrome de Malacologie française* (1), nous n'avons pas eu la prétention de donner un catalogue définitif, *ne varietur*, de toutes les espèces marines qui constituent la faune des côtes de France. Comme il n'avait été dressé aucun travail de ce genre depuis plus de trente années, et que la malacologie avait fait depuis cette époque d'incontestables progrès, il nous a paru intéressant de présenter une liste raisonnée, aussi complète que possible, de tout ce qui était connu jusqu'à ce jour ; en agissant ainsi, nous nous réservions de faire ultérieurement, pour la faune marine, ce qui avait été fait, en partie, pour la faune terrestre et des eaux douces, c'est à-dire, d'étudier successivement, et avec tout le développement nécessaire, les différentes familles, genres ou groupes litigieux ou mal compris.

Déjà notre savant ami, M. le Dr Servain, vient de publier une étude très complète sur nos *Patellidæ* (2), et nous savons que ce premier

(1) A. Locard, 1886. *Prodrome de malacologie française, Mollusques marins*, 1 vol. gr in-8

(2) Dr G. Servain, 1886. *Étude sur les Patellidæ des mers d'Europe*, 1 vol. in-8.

travail, si consciencieusement étudié, sera bientôt suivi d'autres monographies de même nature. Aujourd'hui, nous nous proposons de faire une revision des espèces comprises dans la famille des *Buccinidæ*. Prenant donc pour base les espèces indiquées dans notre *Prodrome*, nous avons étudié à nouveau chacune de ces formes, en nous reportant, autant que possible, aux types mêmes des auteurs. Nous donnerons ainsi des descriptions complètes et surtout comparatives de toutes les espèces de cette famille, telles que nous les comprenons, en ayant bien soin d'établir les rapports et différences qui existent entre chacune de ces différentes formes.

Le nom de *Buccinum*, était, comme on le sait, déjà en usage chez les Romains; c'était le κῆρυξ d'Aristote et des Grecs. Pline paraît être le premier auteur qui ait fait usage de ce nom (1). Il s'appliquait à toutes les coquilles de Gastéropodes enroulées en forme de trompette *(buccina)*, et avait pour prototype soit la grande coquille méditerranéenne que nous nommons aujourd'hui *Tritonium nodiferum* de Lamarck (2), coquille qui peut servir en effet de trompe ou trompette (3), soit les espèces servant à la fabrication de la pourpre, tels que les *Murex* et les *Purpura*.

Ce même nom, conservé au moyen âge et chez les auteurs du XVIIIe siècle qui ont précédé Linné, s'est alors peu à peu étendu à des formes exotiques, de telle sorte qu'il serait assez difficile de lui assigner aujourd'hui les véritables limites sous lesquelles il était alors compris.

Linné, dans sa dixième édition, et dans les édition suivantes, tout en restreignant et ordonnant d'une manière rationnelle le nombre des espèces réunies dans cette famille, lui laisse encore des limites qui paraissent hors de proportion. Aussi, sans nous étendre davantage sur cette histoire déjà par trop ancienne, arriverons-nous de suite aux auteurs modernes, pour discuter avec eux les limites qu'il importe d'assigner à la famille des *Buccinidæ*.

Et d'abord quel est le véritable type qu'il convient de prendre pour cette famille? Évidemment pour Pline, le créateur du nom, c'était une forme méditerranéenne. Aujourd'hui tous les malacologistes paraissent d'accord pour prendre comme type le *Buccinum undatum*, de Linné (4),

(1) Pline. *Buccinum minor concha, ad similitudinem ejusque buccini sonus editur* (lib. IX, cap. LXI, 1).

(2) *Triton nodiferum*, de Lamarck, 1822. *Anim. sans vert.*, VII, p. 179.

(3) A. Locard, 1884. *Histoire des Mollusques dans l'antiquité*, p. 89.

(4) *Buccinum undatum*, Linné, 1758. *Systema naturæ*, edit. X, p. 740.

espèce bien caractérisée, à l'égard de laquelle il ne saurait y avoir la moindre discussion. Mais déjà, comme on le voit, nous sommes en plein dans l'arbitraire, puisque très vraisemblablement Pline n'a pas connu, ou n'a connu que d'une manière purement accidentelle cette espèce océanique, et que, par conséquent, ce n'est pas pour elle qu'il a créé ce nom de *Buccinum*.

Partant donc de cette donnée arbitraire, mais pourtant admise par tout le monde, voyons quelles sont les formes qu'il convient de ranger autour du *Buccinum undatum*.

Jeffreys, dans son *British Conchology* (1), comprend dans la famille des *Buccinidæ*, les genres *Purpura* et *Buccinum*. Il la place entre la famille des *Cerithiopsidæ* et celle des *Muricidæ*. C'est après cette dernière famille qu'il indique la famille des *Nassidæ*, renfermant le seul genre *Nassa*, suivie des *Colombellidæ*. Il faut avouer que c'est là tenir bien peu compte des significations premières données aux noms, car parmi le petit nombre de vocables créés ou adoptés par Pline se trouvent précisément les *Buccinum* et *Purpura* qui nous paraissent constituer deux groupes bien différents. En outre, puisque les *Nassa* ont été démembrés des *Buccinum*, pourquoi les en séparer par la grande famille des *Muricidæ ?*

Woodward sous le nom de *Buccinidæ* comprenait dans le principe un nombre considérable de genres, parmi lesquels nous voyons figurer notamment les genres *Ringicula, Cassidaria, Harpa, Oliva, Ancillaria, etc.* C'est presque le système de Pline ou d'Aristote. Mais plus tard, dans sa dernière édition (2) ce même auteur assigne à la famille des *Buccinidæ* des limites plus restreintes et plus rationnelles, dans lesquelles nous trouvons nos genres *Buccinum*, *Nassa* et *Cyclonassa*. Ici le genre *Purpura* passe dans une autre famille voisine, celle des *Purpuridæ*.

M. G. W. Tryon (3) propose un autre mode de classification. Il admet la famille des *Buccinidæ*, et la divise en six sous-familles, dont l'une sous le nom de *Buccininæ* renferme le genre *Buccinum*. Cette même famille des *Buccinidæ* contient également dans différentes sous-familles les genres *Neptunia*, *Pisania*, *Euthria*, *etc*. La famille suivante, celle des *Nassidæ*, renferme nos genres *Nassa* et *Nerilula*. Dans cette classification, les *Nassa* sont donc en réalité placés assez loin des véritables *Buccinum*.

(1) Jeffreys, 1867. *British Conchology*, t. IV, p. 273.
(2) Woodward, 1870. *Manuel de conchyliologie*, p. 535.
(3) G. W. Tryon, 1883. *Structural and systematic Conchology*, t. II, p. 133.

Quant aux *Amycla*, ils ne sont admis que comme sous-genre des *Columbellidæ*.

M. le Dr P. Fischer, dans son Manuel, a suivi à peu près le même mode de groupement (1); il admet les deux familles des *Buccinidæ* et des *Nassidæ*, range avec le genre *Buccinum* les genres *Pisania*, *Euthria* et *Neptunia* dans la première de ces familles, et donne comme sous-genre des *Nassa*, dans la seconde, les *Amycla* et les *Cyclonassa* ou *Neritula*.

En résumé, nous voyons que les auteurs les plus récents tendent à séparer les *Nassa* des *Buccinum*. Cette manière de faire ne nous paraît pas logique. En effet, nous savons que les *Nassa* ont été démembrés en totalité des *Buccinum* de Linné et de Lamarck ; ils ont donc de ce chef déjà une incontestable affinité. Mais en outre, si l'on compare les animaux de ces deux genres, on voit qu'ils présentent en somme très peu de différence. Bien mieux, si l'on veut faire usage de la disposition de la radule pour établir la classification des Gastropodes, système bâtard que nous ne saurions admettre, on reconnaîtra avec M. le Dr P. Fischer que la famille des *Nassidæ* « diffère des *Buccinidæ*, surtout par la dent centrale de sa radule arquée et finement pectinée ». Chez les *Nassidæ* « le nombre des denticulations varie de huit à dix, tandis que chez les *Buccinidæ* il oscille entre trois et sept » (2). Sont-ce là des caractères suffisants pour établir deux genres? Nous ne voyons en somme aucune raison bien sérieuse pour séparer les *Nassa* des *Buccinum*.

Ceci étant admis, les autres genres ont leur place toute indiquée ; mais reste à savoir s'il convient de les considérer comme genre ou comme sous-genre. Dans notre *Prodrome* nous n'avons pas fait usage des sous-genres qui nous paraissent surcharger inutilement la nomenclature ; nous n'avons en outre, comme on a pu le voir, reconnu qu'un nombre de genres relativement limité, par rapport à la tendance du jour qui au contraire cherche à multiplier ces coupes génériques. Nous n'avons donc, dans la famille des *Buccinidæ* admis que cinq genres seulement : *Neritula*, *Sphæronassa*, *Nassa*, *Amycla*, *Buccinum*, dont nous discuterons l'importance et la valeur dans chacun des chapitres qui leur sont relatifs.

Quant au nombre des espèces, il paraîtra sans doute considérable. C'est là un fait que nous regrettons tout le premier, et cela pour bien des raisons trop longues à énumérer ici. Mais une étude attentive et cons-

(1) P. Fischer, *Manuel de conchyliologie*, p. 625

(2) P. Fischer, *Man. conch.*, p. 633.

ciencieuse des types même des auteurs, types que nous sommes allés rechercher jusque dans les anciennes collections, nous a conduit à distinguer dans cette grande famille près de cinquante espèces vivant sur les côtes de France. On remarquera que la plupart de ces espèces étaient déjà connues, décrites ou figurées; et pourtant le plus grand nombre en était mal compris et prêtait dès lors à la confusion. Plusieurs dénominations faisaient double emploi et devaient dès lors être modifiées. Enfin, parmi les nombreux matériaux dont nous avons dû faire usage pour mener à bonne fin nos recherches, nous avons pu constater l'existence de quelques formes qui nous ont paru nouvelles.

Nous espérons donc, grâce à cette longue étude, apporter un peu de lumière dans un des chapitres jusqu'alors des plus obscurs de la malacologie française.

LYON, février 1887.

Genre NERITULA, Plancus.

Plancus, 1739. *Conch. min. not.* 27.

Description. — Coquilles d'un galbe semi-orbiculaire, très fortement déprimées, obliques, convexes en dessus, presque planes en dessous. — Test complètement lisse et luisant. — Spire très déprimée, presque nulle, à tours peu nombreux, les premiers en partie recouverts par le dernier. — Ouverture très oblique, subquadrangulaire; labre lisse, épais et réfléchi extérieurement; callum très épais, très développé, couvrant toute la face aperturale. — Opercule petit, corné, arrondi.

Observations. — L'espèce type de ce genre avait été rangée par Linné (1), de Lamarck (2), Kiener (3), etc., dans le genre *Buccinum*. De Montfort (4) paraît être le premier auteur qui, postérieurement à Linné, ait proposé de les séparer des Buccins, sous le nom générique de *Cyclops*. Ce même nom, ayant été employé antérieurement par Fabricius pour un genre de Crustacés, ne peut être maintenu. Il en est de même du nom de *Cyclope* proposé par Risso (5). En 1817, L. Schumacher (6) fit le genre *Nana*, tiré du *Fabula nana*, nom donné par Chemnitz (7) à ce même type. Swainson, en 1840 (8), proposa le nom de *Cyclonassa*, que nous retrouvons chez plusieurs auteurs modernes. Mais MM. H. et A. Adams ayant rappelé que Plancus, dès 1739, avait distingué cette même forme sous le nom de *Neritula*, c'est ce dernier nom qu'il convient d'adopter définitivement d'après les règles de la priorité. Rappelons à ce propos que si les noms spécifiques ne doivent pas, d'après les con-

(1) Linné, 1758. *Syst. nat.*, édit. X, p. 738, n° 399.
(2) De Lamarck, 1822. *Anim. sans vert*, VII, p. 279. — 2e édit., X, p. 184.
(3) Kiener, 1835. *Coq. viv.*, *Buccin.*, p. 103.
(4) Denys de Montfort, 1810. *Conch. syt.*, II, p. 370
(5) Risso, 1826. *Hist. nat. Eur. mérid.*, IV, p. 169.
(6) Schumacher, 1817. *Nouv. syst.*, p. 225.
(7) Chemnitz, 1781. *Conch. Cab.*, V, p. 72.
(8) Swainson, 1840. *Treat. malac.*, p. 69, 300.

ventions admises, remonter au delà de 1758, c'est-à-dire au delà de la dixième édition de Linné, dans lesquelles la méthode binominale fait véritablement loi pour la première fois, il n'en est pas de même pour les noms de genres; ceux-ci sont pris chez les auteurs même les plus anciens, comme par exemple les noms : *Argonauta*, *Loligo*, *Sepia*, *Buccinum*, *etc.*

Quant au genre *Nanina*, créé par Risso (1), il est reconnu aujourd'hui qu'il faut le faire rentrer dans la synonymie du *Neritula nana*, ce genre s'appliquant à des jeunes individus de cette même espèce.

Dans le genre *Neritula*, la forme de la coquille est telle, qu'il paraîtrait au premier abord, nécessaire d'en faire une famille à part, mais l'animal étant très sensiblement le même chez les *Neritula* et chez les *Nassa*, il convient de rapprocher ces deux genres. Cependant si l'étude des animaux conduit à un pareil rapprochement, nous ne saurions admettre, comme l'ont proposé certains auteurs, que l'on fasse des *Neritula* un simple sous-genre des *Nassa* (2). Avec M. G. W. Tryon (3) et quelques autres naturalistes nous maintiendrons donc le genre *Neritula*, et nous l'inscrirons en tête de la famille des *Buccinidæ*.

Tel que nous l'avons envisagé, le genre *Neritula* comprend seulement trois espèces appartenant à un groupe unique dont le prototype est l'ancien *Buccinum neritum* de Linné, dont nous avons dû modifier le nom par suite de considérations que nous exposerons plus loin.

NERITULA NANA, Chemnitz.

Buccinum neriteum, Linné, 1758. *Syst. nat.*, édit. X, p. 399. — Kiener, 1835. *Coq. viv.*, *Bucc.* p. 103, pl. XXIX, fig. 120. — Kuster, 1858. *In* Martini et Chemnitz, *Conch. Cab.*, *Bucc.* p. 29, pl. VI, fig. 22 à 27.

Fabula nanæ, Chemnitz, 1781. *Conch. Cab.*, V, p. 72, pl. CLXVI, fig. 1602.

Cyclops asterizans, de Montfort, 1810. *Conch. syst.*, II, p. 371.

Nana neritea, Schumacher, 1817. *Nouv. syst.*, p. 226.

Cyclope neritoidea, Risso, 1826. *Hist. nat. Eur. mérid.*, IV, p. 170.

Nassa neritea, Petit de la Saussaye, 1852. *In Journ. conch.*, III, p. 200. — Reeve, 1853. *Icon. conch.*, pl. XXXIII, fig. 155.

Cyclops neriteus, Chenu, 1859. *Man. conch.*, I, p. 165, fig. 789 à 791.

Neritula neritea, Brusina, 1866. *Contr. fauna Dalm.*, p. 65. — Bucquoy, Dautzenberg et Dollfus, 1882. *Moll. Rouss.*, p. 59, pl. XII, fig. 21-25. — Locard, 1886. *Prodr. malac. franç.*, p. 131.

(1) Risso, 1829. *Loc. cit.*, p. 150.
(2) Fischer. *Man. conch.*, p. 634.
(3) G. W. Tryon, 1883. *Struct. system Conch.*, II. p. 159.

Cyclope neriteus, Weinkauff, 1868. *Conch. mittelm.*, II, p. 53.
Cyclops neriteum, Clément, 1873. *Cat. moll. Gard*, p. 8.
Cyclonassa neritea, de Monterosato, 1878. *Enum. e sinon.*, p. 43.

Description. — Coquille fortement déprimée, d'un galbe suborbiculaire, un peu oblique, convexe-arrondie en dessus, plane en dessous. — Test solide, épais, subopaque, lisse, brillant. — Spire peu élevée, composée de quatre à cinq tours ; les premiers peu saillants, méplans, à croissance lente et régulière ; le dernier très développé à croissance rapide, surtout à son extrémité, à profil légèrement arrondi dans le haut, subanguleux dans le bas, et méplan en dessous. — Suture linéaire, confuse chez les premiers tours. — Sommet très obtus, avec les tours embryonnaires presque toujours usés. — Ouverture très oblique, subquadrangulaire, labre épais, réfléchi à l'extérieur, lisse à l'intérieur un peu saillant en dedans et en dehors vers la suture; columelle arquée, tronquée à la base; callum très épais, s'étendant sur tout le dessous de la coquille ; canal très court, ouvert, aussi large que profond. — Coloration d'un blanc jaunâtre ou roussâtre, avec des linéoles brunes ou d'un roux plus foncé disposées sous forme de réseau ou de marbrures irrégulières ; bande infra-suturale plus ou moins large, toujours plus foncée, discontinue ou marbrée; bande basale plus claire, plus étroitement flammulée. — Opercule petit, corné, arrondi, d'un brun roux.

Dimensions. — Hauteur totale : 6 à 8 millimètres (mesurée obliquement).
Diamètre maximum : 12 à 16 millimètres.

Variétés. — *Minor*, de Monterosato (non Scacchi). — Coquille de même galbe que le type, mais de taille notablement moindre (1).

Inflata. — Coquille de même taille que le type ou un peu plus petite, mais d'un galbe plus renflé, avec la spire plus élevée, les premiers tours plus saillants.

Mucronata. — Coquille de toutes tailles, avec les tours embryonnaires très saillants, comme mucronés, et les autres tours souvent plus arrondis, plus renflés.

(1) Comme l'ont fait observer MM. Bucquoy, Dautzenberg et Dollfus (*Moll. Rouss.*, p. 60), il s'agit ici d'une manière d'être particulière du véritable *Neritula nana*, et non point de la forme que Scacchi et d'autres auteurs après lui ont confondue avec les *Neritula Donovani* et *N. pellucida*.

Monozonata. — Coquille de même taille que le type, mais avec une seule zone flammulée infra-suturale.

Atra, de Monterosato. — Coquille de toutes tailles, d'une teinte noirâtre, ou d'un marron foncé, uniforme, avec le callum d'un brun plus ou moins accentué, surtout dans sa partie médiane.

Viridula. — Coquille de toutes tailles, et plus souvent de taille assez petite, avec un fond vert-olive foncé, découpé par des linéoles brunes, et avec une tache également brune sur le callum.

Luteola. — Coquille de toutes tailles, avec un fond jaunâtre très clair, découpé par des linéoles d'un jaune plus foncé et le callum presque blanc.

Albida, de Monterosato. — Coquille de coloration entièrement blanche.

Observations. — Avant Linné, cette coquille déjà très anciennement connue, avait reçu plusieurs appellations uninominales plus ou moins bien définies et la faisant confondre avec les formes suivantes. Linné est le premier auteur qui lui ait attribué une dénomination binominale sous le nom de *Buccinum neriteum*. Puisque le nom du genre auquel cette espèce appartient et dont elle est devenue le prototype est *Neritula*, il conviendrait donc d'écrire *Neritula neritea*. Mais pareil pléonasme est évidemment contraire à toutes les règles d'une bonne nomenclature. Nous sommes donc condamné à prendre le nom spécifique de *nana* proposé par Chemnitz immédiatement après Linné, et nous écrirons plus correctement *Neritula nana*.

Habitat. — Commun ; en colonies populeuses ; zone littorale, et de préférence dans les eaux saumâtres, sur toutes les côtes de la Méditerranée.

NERITULA DONOVANI, Risso.

Cyclope Donavania (per error.), Risso, 1826. *Hist. nat. Eur. mér.*, IV, p. 271, fig. 56.
— *neriteus* de Blainville, 1826. *Faune franç.*, p. 186, pl. VII, A, fig. 4.
Nassa pellucida (pars), Petit de la Saussaye, 1860. *In Journ. conch.*, VIII, p. 257.
Cyclonassa pellucida (pars), de Monterosato, 1878. *Enum. e sin.*, p. 43.
Neritula Donovani, Bucquoy, Dautzenberg et Dollfus, 1883. *Moll. Rouss.*, p. 61, pl. XII fig. 26, 25. — Locard, 1886. *Prodr. malac. franç.*, p. 131.

Description. — Coquille très fortement déprimée, d'un galbe subelliptique, un peu oblique, légèrement convexe-arrondie en dessus, presque plane en dessous. — Test solide, assez épais, subopaque, lisse, très brillant. — Spire à peine saillante, composée de 3 1/2 à 4 1/2 tours; les premiers peu saillants, très confus, à croissance très lente et régulière; le dernier très développé, à croissance très rapide, surtout à son extrémité, arrondi dans le haut, un peu subanguleux dans le bas, légèrement bombé en dessous. — Suture linéaire confuse chez les premiers tours. — Sommet très obtus, avec les tours embryonnaires indistincts. — Ouverture très oblique, subquadrangulaire, un peu allongée; labre épaissi, assez largement réfléchi à l'extérieur, lisse à l'intérieur; columelle arquée; callum épais, s'étendant sur tout le dessous de la coquille; canal très court, ouvert, presque aussi large que profond. — Coloration d'un fond jaunâtre, découpé par des linéoles longitudinales d'un jaune clair et brillant, disposées en zigzag; une zone d'un brun noirâtre, flammulée, infra-suturale; ouverture et callum d'un blanc un peu jaunâtre. — Opercule petit, corné, arrondi, d'un brun clair.

Dimensions. — Hauteur totale: 4 1/2 à 5 millimètres (mesurée obliquement).
Diamètre maximum: 8 à 9 millimètres.

Variétés. — *Minor.* — De même galbe que le type, mais ne dépassant pas 4 à 5 millimètres de diamètre maximum.

Inflata. — De même taille que le type ou un peu plus petite, mais d'un galbe notablement plus renflé, avec la spire plus haute, et le dessous plus bombé.

Obscura. — De toutes tailles, avec un fond brun foncé, un peu verdâtre, et des linéoles peu distinctes, le dessous légèrement bruni.

Albida. — De même taille, complètement blanche.

Observations. — Cette espèce, comme la suivante, a été souvent confondue avec le *Neritula nana.* Quelques auteurs, comme Kiener (1), n'ont voulu y voir que des sujets « seulement usés et décolorés »; d'autres, comme Weinkauff (2), se sont bornés à en faire une simple variété *minor.* Il est cependant incontestable que ces trois formes diffèrent entre elles par des caractères absolument distincts et constants, de telle sorte qu'il n'est pas possible de confondre la variété *minor* du *Neritula nana,*

(1) Kiener, 1835. *Coq. viv.*, *Buccin.*, p. 103.
(2) Weinkauff, 1868. *Conch. Mittelm.*, II, p. 54.

ni avec le *N. Donovani*, ni avec le *N. pellucida*. On remarquera en outre que la plupart du temps ces trois espèces vivent dans des milieux différents et bien distincts.

Rapports et différences. — On distinguera le *Neritula Donovani* du *N. nana* : à sa taille toujours plus petite ; à son galbe plus déprimé, plus aplati, même chez la variété *inflata* ; à ses tours moins développés ; à son dernier tour moins élevé, plus arrondi dans son ensemble, moins subanguleux dans le bas ; à la croissance beaucoup plus rapide de ce même tour à son extrémité et sur une plus grande longueur, de telle sorte que, toutes proportions gardées, la coquille vue en dessus paraît plus régulièrement elliptique ; à son dessous plus convexe ; à son test encore plus brillant ; à sa coloration et à son ornementation ; etc.

Habitat. — Moins répandu que l'espèce précédente, mais en colonies tout aussi populeuses ; zone littorale et des laminaires ; sur tout le littoral méditerranéen.

NERITULA PELLUCIDA, Risso.

Cyclope pellucida, Risso, 1826. *Hist. nat. Eur. mérid.*, IV, p. 272.
Nassa pellucida (pars), Reeve, 1853. *Conch. incon.*, pl. XXIII, fig. 151. — Petit de la Saussaye, 1860. *In Journ. conch.*, VIII, p. 257.
Cyclope neriteus (pars), Weinkauff, 1868. *Conch. Mittelm.*, II, p. 54.
Cyclonassa pellucida (pars), de Monterosato, 1878. *Enum. e sin.*, p. 43.
Neritula Donovani (var. pellucida), Bucquoy, Dautzenberg et Dollfus, 1882. *Moll. Rouss.*, p. 61, pl. XII, fig. 28, 29.
Neritula pellucida, Locard, 1886. *Prodr. malac. Franç.*, p. 182.

Description. — Coquille fortement déprimée, d'un galbe transversalement subelliptique un peu allongé, un peu oblique, convexe-arrondie en dessus, plane en dessous. — Test solide, un peu mince, translucide, lisse, subhyalin et très brillant. — Spire peu saillante, composée de 3 1/2 à 4 tours ; premiers tours peu saillants, très confus, à croissance lente et régulière ; dernier tour très développé, à croissance de plus en plus rapide, surtout à son extrémité, arrondi dans le haut, légèrement subanguleux dans le bas, méplan en dessous. — Suture linéaire confuse chez les premiers tours. — Sommet très obtus, avec les tours embryonnaires indistincts. — Ouverture très oblique, subquadrangulaire, un peu allongée ; labre épaissi, réfléchi à l'extérieur, lisse à l'intérieur ; columelle arquée; callum épais, s'étendant sur tout le dessous de la coquille canal très court, ouvert, aussi large que profond. — Coloration d'un blanc hyalin, avec des flammes rousses, ondulées, interrompues, alternant avec des taches d'un blanc opaque, disposées suivant deux zones décurrentes; ouverture d'un blanc opaque un peu terne; callum blanc. — Opercule très petit, corné, arrondi, d'un jaune pâle.

Dimensions. — Hauteur totale: 4 millimètres (mesurée obliquement).
Diamètre maximum: 7 à 8 millimètres.

Variétés. — *Inflata*. — De même taille, mais d'un galbe général un peu plus renflé, le dernier tour plus arrondi.

Unizonata. — De même taille et de même galbe, avec une seule zone colorée décurrente.

Albida. — Coquille complètement blanche, diaphane.

Observations. — Risso, le premier, a su distinguer cette forme particulière, qu'un très petit nombre d'auteurs ont cru devoir admettre au rang d'espèce. Quoique très voisine du *Neritula Donovani*, elle s'en distingue suffisamment et par son galbe et par la manière d'être de son test, pour qu'elle soit admise au rang d'espèce.

Rapports et différences. — On ne peut rapprocher le *Neritula pellucida* que du *N. Donovani*. Il en diffère: par sa taille encore plus petite; par son galbe également elliptique mais plus allongé dans le sens de l'ouverture; par sa spire un peu moins déprimée; par le dernier tour moins arrondi, plus plat en dessous, et surtout à croissance plus rapide sur une plus grande longueur; par son test plus mince, toujours translucide; par sa coloration et son mode d'ornementation tout particulier; etc.

Habitat. — Assez rare; en colonies peu populeuses; zone des laminaires; çà et là sur tout le littoral méditerranéen.

Genre SPHÆRONASSA, Locard.

Locard, 1886. *Prodr. malac. franç.*, p. 132 et 548.

Description. — Coquilles d'un galbe ovoïde, un peu ventrues. — Test lisse et brillant, avec quelques stries basales décurrentes, et les premiers tours faiblement treillissés. —Spire peu élevée, à tours plus ou moins bien étagés ; dernier tour très développé, ventru. — Ouverture un peu oblique, ovalaire, plus ou moins arrondie ; labre faiblement épaissi et finement plissé à l'intérieur ; columelle très courte, bien arquée ; callum assez épais, largement étendu sur l'avant-dernier tour, à bords limités. — Opercule corné, ovalaire, à nucléus apical.

Observations. — Le genre *Sphæronassa* a pour type le *Buccinum mutabile* de Linné (1). Il comprend les anciens *Buccinum* ou *Nassa* de taille assez petite, d'un galbe globuleux, avec le test non costulé longitudinalement, lisse ou presque lisse. Cette coupe nouvelle comprendra donc, non seulement des espèces vivantes, comme celles que nous décrivons, mais encore un certain nombre d'espèces fossiles telles que les *Sphæronassa Michaudi* (2), *S. Auingeri* (3), *etc.*, à ouverture plus ou moins arrondie et régulière, caractère qui les distinguera des *Niotha* de MM. H. et A. Adams.

Dans ce genre, nous avons admis deux groupes. Le premier renferme une seule espèce, déjà connue, le *Sphæronassa gibbosula*, dont Risso avait fait son genre *Eione* (4). Cette espèce, d'un galbe assez particulier, sert de transition naturelle entre les *Neritula* et les véritables *Sphæronassa*. Le second groupe comprend trois espèces bien distinctes, et comme taille et comme galbe, quoique au premier aspect leur facies soit assez semblable, par suite d'une uniformité dans la coloration. Mais il est bien certain que si ces espèces étaient trouvées à l'état fossile, on n'hésiterait

(1) Linné, 1758. *Systema naturæ*, édit. X, p. 730.

(2) Thiollière, 1856. *In Ann. Soc. agr. Lyon*, VIII, *Procès-verb.*, p. XXIX. — 1866. *In* Falsan et Locard, *Monogr. Mont. d'or Lyonnais*, p. 438, pl. III, fig. 5.

(3) R. Hörnes et M. Auinger, 1882. *Gasterop. Oester. Ungarisch.*, p. 122, pl. XIV, fig. 23, 24.

(4) Risso, 1826. *Hist. nat. Eur. mérid.*, IV, p. 438.

pas à reconnaître qu'elles constituent autant d'espèces parfaitement caractérisées.

Toutes ces espèces étant déjà figurés dans diverses iconographies, quoique sous des noms différents, nous n'avons pas jugé utile de les faire figurer à nouveau. Nous nous bornerons donc à renvoyer le lecteur aux indications données dans nos synonymies.

A. — Groupe du S. GIBBOSULA

SPHÆRONASSA GIBBOSULA, Linné.

Buccinum gibbosulum, Linné, 1758. *Syst. nat.*, édit. X, p. 730. — De Blainville, 1836. *Faune franç.*, p. 185, pl. VIII, A, fig. 3. — Kiener, 1835. *Coq. viv.*, *Bucc.*, p. 102, pl. XXVIII, fig. 116.

Eione gibbosula, Risso, 1826. *Hist. nat. Eur. mérid.*, IV, p. 438, fig. 50.

Nassa gibbosula, Reeve, 1853. *Conch. Icon.*, pl. X, fig. 64. — Weinkauff, 1868. *Conch. mittelm.*, II, p. 55.

Cyclops gibbosula, Tapparone-Canefri, 1869. *Ind. sist. Moll. Spezia*, p. 28.

Sphæronassa gibbosula, Locard, 1886. *Prodr. malac. franç.*, p. 133.

Description. — Coquille d'un galbe ovoïde un peu allongé, gibbeuse-aplatie du côté de l'ouverture, bien arrondie du côté opposé, sensiblement aussi développée en dessus qu'en dessous. — Test très solide, très épais, à peine subopaque, lisse et brillant. — Spire conique, aiguë, courte, composée de 5 à 6 tours à croissance assez régulière, à profil légèrement arrondi; dernier tour très développé en hauteur, constituant à lui seul un peu plus des trois quarts de la coquille complète, à profil arrondi surtout dans sa partie médiane, visible seulement sur la moitié de la coquille, dans la partie directement opposée à l'ouverture, masqué sur tout le reste par le développement du callum apertural. — Suture linéaire, visible seulement sur le dos. — Sommet aigu, lisse et brillant, souvent émoussé ou envahi en partie par le callum. — Ouverture presque droite, sensiblement égale à la moitié de sa hauteur totale, arrondie dans le haut, un peu allongée dans le bas, ornée dans le haut d'un sinus étroit et profond; labre lisse, épaissi, surtout dans le haut, fortement réfléchi à l'extérieur; columelle lisse, arquée; callum très épais, très développé, s'étendant sur toute la face aperturale de la coquille, soudé au labre dans le haut, formant un large et épais bourrelet du sommet à la base sur tout le côté opposé au labre, orné un peu au-dessus et à gauche du sinus apertural d'un mamelon arrondi et saillant ; canal très court, assez ouvert, profondément échancré. — Coloration d'un jaune un peu clair, parfois cendré, avec quelques flammules allongées, plus foncées, ou même un peu violacées ; callum d'un blanc très brillant, bordé d'un mince filet orangé très vif ; intérieur fauve plus ou moins foncé. — Opercule très petit, corné, arrondi, d'un jaune très clair, à nucleus apical.

Dimensions. — Hauteur totale : 13 à 15 millimètres.
Diamètre maximum : 5 à 10 millimètres.

Variétés. — *Minor*, Bellardi (1). — De même galbe que le type, mais de taille plus petite.

Olivacea. — De toutes tailles, avec un fond olivâtre, marbré de jaune foncé ou de violet clair.

Observations. — Cette singulière espèce varie notablement dans sa forme, par suite du plus ou moins de développement qu'acquiert le callum. Tantôt, même chez des sujets bien adultes, le callum est peu épais quoique très étendu, le sommet est aigu, avec ses tours bien distincts. Tantôt, au contraire, ce même callum prend un développement considérable, envahit le sommet, rend ses tours confus, et devient plus ou moins gibbeux sur la face aperturale de la coquille. Ce développement du callum joue un certain rôle dans la forme de l'ouverture qui peut paraître plus ou moins allongée suivant que le callum est plus ou moins épais dans le haut, au voisinage du sinus. De telles modifications, dues sans doute à l'influence des milieux, nous paraissent surtout individuelles et ne nous semblent pas susceptibles de constituer même de simples variétés, et à plus forte raison des espèces comme on serait tenté de le faire au premier abord.

Risso avait créé pour cette espèce le genre *Eione* (2), ainsi que pour deux autres formes fossiles que nous ne connaissons pas. Cette coupe paraît tout au plus s'appliquer à un sous-genre. On remarquera en effet que le *Sphæronassa gibbosula*, si l'on fait abstraction de son callum, est un véritable *Sphæronassa*. Tel qu'il est, il constitue une forme intermédiaire entre le genre *Neritula* et les autres genres de la famille des

(1) Bellardi 1883. *In mem. Accad. Torino*, p. 250, pl. II, fig. 6.
(2) Risso, 2886. *Hist. nat. Eur. mérid.*, IV, p. 438.

Buccinidæ. C'est pour cette raison que nous l'avons placé dans un groupe à part, en tête des *Sphæronassa*.

Habitat. — Rare ; zone des laminaires et coralligène ; çà et là, en colonies très peu populeuses, sur les côtes de Provence.

B. — Groupe du S. MUTABILIS

SPHÆRONASSA MUTABILIS, Linné.

Buccinum mutabile, Linné, 1767. *Syst nat.*, éd. t. XII, p. 1201. — De Blainville, 1826. *Faune franç.*, p. 181. pl. VII, A, fig. 2. — Kiener, 1835. *Coq. viv.*, *Bucc.*, p. 88, pl. XXIV, fig. 93.

Cassis imperfecta, Martini, 1773. *Conch. cab.*, II, p. 54, pl. XXXVIII, fig. 387, 388.

Buccinum tessulatum (pars), Gmelin, 1789. *Syst. nat.*, édit. XIII, p. 3479.

— *gibbum*, Bruguière, 1792. *Encycl. méth.*, *Vers*, I, p. 23.

Nassa mediterranea, Risso, 1826. *Hist. nat. Eur. mérid.*, IV, p. 30.

Buccinum foliosum, Wood, 1828. *Index test.*, pl. XXII, fig. 39.

Nassa mutabilis, Petit de la Saussaye, 1852. *In Journ. conch.*, III, p. 109. — Reeve, 1853. *Icon. Conch.*, pl. I, fig. 6. — Bucquoy, Dautzenberg et Dollfus, 1882. *Moll. Rouss.*, p. 42, pl. X, fig. 3 et 4.

Sphæronassa mutabilis, Locard, 1886. *Prodr. malac. franç.*, p. 132 et 548.

Description. — Coquille d'un galbe ovoïde un peu allongé, turriculée, aussi développée en dessus qu'en dessous. — Test assez épais, solide, subopaque, brillant, avec les premiers tours treillissés, et quelques stries décurrentes assez régulières, continues, un peu écartées, disposées, à la base du dernier tour. — Spire un peu élevée, composée de 7 à 8 tours bien étagés, à croissance assez lente et régulière, un peu méplans en dessus, ensuite convexes ; dernier tour un peu plus grand que la moitié de la hauteur totale, à profil latéral largement arrondi, un peu atténué dans le bas, à croissance à peine plus rapide à son extrémité. — Suture peu profonde, mais bien accusée par la partie méplane qui délimite la partie supérieure de chaque tour. — Sommet aigu, lisse, brillant, d'un blanc nacré. — Ouverture à peine oblique, à bord externe, faiblement ondulé légèrement ovalaire, faiblement élargie dans le bas, sensiblement rétrécie dans le haut ; labre tranchant, à peine un peu épaissi dans le haut, orné à l'intérieur de plis fins, souvent ondulés, assez allongés ; columelle arquée, bordée à sa base ; canal très court, ouvert, oblique, assez profondément échancré ; callum assez épais, largement étendu en hauteur et en largeur, sensiblement de même surface que l'ouverture, épaissi sur la columelle et dans le haut de l'ouverture. — Coloration d'un fond jaune clair, presque entièrement couvert de flammules longitudinales rousses ou fauve plus foncé, continues ou discontinues; une zone blanchâtre, assez étroite, articulée de taches d'un brun foncé, à la partie supérieure de chaque tour; intérieur roux; péristome blanc nacré. — Opercule corné, assez petit, ovalaire, à nucléus apical.

DIMENSIONS. — Hauteur totale: 15 à 18 millimètres.
Diamètre maximum : 17 à 19 millimètres.

VARIÉTÉS. — *Minor*. — De même galbe, mais de taille un peu plus petite.

Elongata. — De même taille, mais d'un galbe plus étroit, plus effilé, avec la spire un peu plus allongée.

Ventricosa. — De même taille, mais d'un galbe plus court, plus ventru, avec le dernier tour plus développé.

Callosa. — De toutes tailles, avec le callum très épais, présentant une gibbosité saillante au-dessus de l'angle apertural supérieur.

Azonata. — De toutes tailles, sans zone colorée à la partie supérieure des tours.

Maculata (de Monterosato). — De toutes tailles, avec des flammules ou maculatures plus accusées, de coloration plus foncée.

Ebenacea (de Monterosato). — De toutes tailles, avec des flammules très foncées, presques noirâtres.

Albida (de Monterosato). — Presque complètement blanche.

OBSERVATIONS. — Cette espèce présente, comme on vient de le voir de nombreuses variétés dans sa forme comme dans sa coloration. Ces variations s'observent non seulement dans des colonies différentes, mais encore aussi chez des sujets appartenant à la même colonie. Un fait digne de remarque au point de vue physiologique, c'est l'inégale distribution de la matière testacée du péristome: parfois le callum est très mince, tandis que le bord columellaire et le labre sont au contraire très fortement épaissis, le premier dans le bas, le second dans le haut de l'ouverture; parfois, au contraire, le labre reste mince dans toute son étendue et le callum devient assez épais non seulement pour masquer entièrement toute la partie du tour qu'il recouvre, mais encore pour former une ou deux petite gibbosités analogues à celle que l'on observe chez le *Sphæronassa gibbosula*.

Habitat. — Commun; zone littorale; en colonies populeuses; toute la Méditerranée.

SPHÆRONASSA INFLATA, de Lamarck.

Buccinum tessulatum (pars), Gmelin, 1789. *Syst. nat.*, édit., XIII, p. 3479.
— *inflatum*, de Lamarck, 1822. *Anim. sans vert.*, XII, p. 270. — 2ᵉ édit., X, p. 167.
— *mutabile*, Küster, 1851. *In* Martini et Chemnitz, *Conch. Cab.*, *Bucc.*, p. 33, pl. VII.
Nassa mutabilis (var. inflata), Bucquoy, Dautzenberg et Dollfus, 1882. *Moll. Rouss.*, p. 43, pl. X, fig. 5 et 6.
Sphæronassa inflata, Locard, 1886. *Prodr. malac. franç.*, p. 143 et 548.

Description. — Coquille d'un galbe ovoïde, un peu courte, turriculée, un peu plus développée et notablement plus renflée en dessous qu'en dessus. — Test assez mince, solide, translucide, brillant, avec les premiers tours treillissés, et quelques stries décurrentes, continues, un peu irrégulières, souvent obsolètes, à la base du dernier tour. — Spire assez élevée, composée de 7 à 8 tours bien étagés, à croissance assez lente et régulière, un peu méplans en dessus, ensuite convexes; dernier tour notablement plus grand que la moitié de la hauteur totale, à profil latéral bien arrondi, ventru, atténué dans le bas, à croissance un peu plus rapide à son extrémité. — Suture peu profonde, mais bien accusée par la partie méplane qui délimite la partie supérieure de chaque tour. — Sommet aigu, lisse, brillant, d'un blanc marbré. — Ouverture oblique, à bord externe faiblement ondulé, largement ovalaire, dilatée dans le bas, un peu rétrécie dans le haut; labre légèrement sinueux, tranchant, à peine épaissi dans le haut, orné à l'intérieur de plis fins, réguliers, assez allongés, très rapprochés; columelle arquée, bordée à sa base; canal très court, bien ouvert, oblique, assez profondément échancré; callum un peu mince, largement étendu en hauteur et en largeur, occupant sur le dernier tour une surface un peu moindre que celle de l'ouverture; devenant un peu plus épais sur la columelle et dans le haut de l'ouverture. — Coloration d'un fond jaune clair, presque entièrement couvert de flammules longitudinales rousses ou fauve plus foncé, continues ou discontinues; avec une zone blanche assez étroite, articulée de taches brunes foncées, à la partie supérieure de chaque tour; intérieur roux ; péristome blanc nacré. — Opercule corné, roux, assez petit, ovalaire, à nucléus apical.

DIMENSIONS. — Hauteur totale : 33 à 35 millimètres.
Diamètre maximum : 23 à 24 millimètres.

VARIÉTÉS. — *Elongata*. — De même taille, mais d'un galbe un peu plus effilé, avec le dernier tour un peu moins ventru, mais la spire toujours relativement un peu courte.

Globulosa. — De même taille, ou de taille un peu plus petite, avec la spire très courte, et le dernier tour très globuleux.

Lævigata. — De toutes tailles, avec le labre complètement lisse à l'intérieur.

Maculata (de Monterosato). — De toutes tailles, avec des maculatures plus accusées, plus brunes, se détachant sur un fond plus clair.

Albida (de Monterosato). — Presque complètement blanche.

OBSERVATIONS. — Cette espèce, créée par de Lamarck, a été contestée par un grand nombre d'auteurs. De Blainville (1) la regarde « comme une simple variété de sexe du *Buccinum mutabile*, ce que prouvent la spire plus courte, plus obtuse, l'état ventru du dernier tour, et l'élargissement de la base ; caractères qui indiquent la coquille des individus femelles ». Cette théorie, également admise par Kiener (2), ne saurait être soutenue, par la simple raison que les *Sphæronassa mutabilis* et *S. inflata* vivent dans des colonies absolument distinctes et parfois fort éloignées les unes des autres. Ce sont donc deux manières d'être absolument distinctes, mais appartenant au même groupe.

Dans l'atlas de MM. Bucquoy, Dautzenberg et Dollfus, on trouve de bonnes figurations de ces deux espèces, représentant les coquilles sous leur double face, quoique dans le texte le *Sphæronassa inflata* ne soit considéré que comme simple variété du *S. mutabilis*. C'est également cette même espèce que nous voyons figurée par Küster, sous le nom de *Buccinum mutabile*.

RAPPORTS ET DIFFÉRENCES. — Quoique ces deux espèces aient le même faciès sous le rapport de la coloration et de l'ornementation, on distin-

(1) De Blainville. 1826. *Faune française*, p. 182.
(2) Kiener 1835. *Coq. viv.*, *Buccin.*, p. 89.

guera le *Sphæronassa inflata* du *S. mutabilis:* à sa taille toujours notablement plus forte; à sa spire plus courte, plus obtuse; à son dernier tour plus grand, plus arrondi et surtout plus renflé dans son ensemble; à son ouverture plus oblique, plus évasée, notablement plus dilatée inférieurement; à son labre légèrement sinueux, avec des plis intérieurs plus réguliers et moins profondément marqués; aux stries basales qui ornent le dernier tour et qui sont toujours moins nombreuses et moins accusées; à son callum généralement moins épais; etc.

Habitat. — Commun; zone littorale; en colonies assez populeuses; toute la côte de la Méditerranée.

SPHÆRONASSA GLOBULINA, Locard.

Nassa mutabilis (var. minor), Bucquoy, Dautzenberg et Dollfus, 1882. *Moll. Rouss.*, p. 48, pl. X, fig. 7.

Sphæronassa globulina, Locard, 1882. *Mss.* — 1886. *Prodr. malac. franç.*, p. 133 et 548.

Description. — Coquille d'un galbe ovoïde, un peu globuleuse, courte, renflée, turriculée, aussi développée mais plus renflée en dessous qu'en dessus. — Test assez épais, solide, subopaque, brillant, avec les premiers tours treillissés, et quelques stries décurrentes, un peu plus irrégulières, assez écartées, disposées à la base du dernier tour. — Spire élevée, acuminée, composée de 6 1/2 à 7 1/2 tours bien étagés, à croissance assez lente et régulière, méplans en dessus, ensuite convexes; dernier tour un peu plus grand que la moitié de la hauteur totale, très gros, très ventru, à profil latéral bien arrondi, un peu atténué dans le bas, à croissance plus rapide sur sa dernière moitié jusqu'à son extrémité. — Suture peu profonde, mais bien accusée par la partie méplane qui limite la partie supérieure de chaque tour. — Sommet aigu, lisse, brillant, d'un jaune pâle. — Ouverture régulièrement arrondie, presque droite, à bord externe faiblement ondulé, à peine ovalaire, un peu rétrécie dans le haut; labre tranchant, à peine un peu épaissi dans le haut, orné à l'intérieur de plis fins, serrés, bien marqués, un peu irréguliers, assez profonds; columelle bien arquée, bordée à sa base; canal très court, largement ouvert, oblique; callum peu épais, étendu en hauteur et en largeur, occupant une surface un peu plus petite que la surface aperturale, un peu épaissi sur la base de la columelle. — Coloration d'un fond roux clair, presque entièrement couvert de flammules longitudinales rousses ou jaune plus foncées, continues ou discontinues ; avec une zone blanche assez étroite, articulée de taches brun foncé, à la partie supérieure de chaque tour; intérieur roux; péristome blanc nacré. — Opercule corné, très petit, ovalaire, à nucléus apical.

Dimensions. — Hauteur totale : 16 à 18 millimètres.
Diamètre maximum : 9 à 10 millimètres

Variétés. — *Elongata.* — De même taille, mais d'un galbe plus effilé, avec la spire encore plus allongée.

Maculata. — De toutes tailles, avec des flammules ou maculatures plus nettement définies et de coloration plus foncée.

Observations. — Cette jolie petite espèce, dont nous trouvons une bonne figuration dans l'atlas de MM. Bucquoy, Dautzenberg et Dollfus, paraît avoir été jusqu'à présent confondue avec une variété minor du *Sphæronassa mutabilis.* Par la différence et la constance de ses caractères, elle nous semble constituer une espèce bien définie. Elle paraît, du reste, vivre dans des milieux tout à fait différents que les deux espèces précédentes.

Rapports et différences. — Cette espèce est toujours de taille plus petite que le *Sphæronassa mutabilis,* avec un galbe plus court, plus renflé, plus ventru même que celui du *S. inflata ;* sa spire est également plus pointue, plus acuminée, avec des tours mieux étagés que chez les deux autres espèces du même groupe; son ouverture est en outre plus arrondie, plus régulièrement dilatée transversalement; son callum moins épais, son labre plus fortement épaissi et plus plissé à l'intérieur; sa coloration est généralement plus foncée, ses flammules plus accusées ; etc.

Habitat. — Peu commun; zone des Laminaires; çà et là sur les côtes de la Méditerranée.

Genre NASSA, de Lamarck.

De Lamarck, 1799. *Prodr.* — 1801. *Syst. anim.*, p. 78.

Description. — Coquilles d'un galbe fusiforme lancéolé, plus ou moins allongées. — Test solide, orné de côtes longitudinales tantôt fortes et peu nombreuses, tantôt fines et rapprochées, s'évanouissant plus ou moins sur le dernier tour, et des stries décurrentes plus ou moins fortes et profondes. — Spire assez élevée, aiguë, avec le dernier tour plus ou moins ventru; ouverture ronde ou ovalaire; labre épaissi, dentelé à l'intérieur; columelle courte, arquée, plissée, à sa base; callum plus ou moins épais; canal court, réfléchi. — Opercule corné, ovalaire, à nucléus apical.

Observations. — L'histoire du genre *Nassa* est assez singulière, et le choix du prototype a fini par devenir quelque peu arbitraire. MM. Bucquoy, Dautzenberg et Dollfus ont très bien résumé cette histoire. « Le genre *Nassa*, créé par Klein (1753), est basé sur deux espèces figurées par Bonani, dont l'une est un *Terebra* et l'autre une espèce indéterminable. Il a été accepté sous une forme hétérogène par Martini (1774), et enfin bien limité par Lamarck (*Prodrome*, 1799), qui lui a donné pour type le *Buccinum mutabile*, Lin. En 1801, Lamarck, changeant d'opinion, indique le *B. arcularia* Lin., comme type du genre *Nassa*; mais cette coquille ayant été nommée antérieurement par Rumphius *Arcularia major*, et la section *Arcularia* méritant d'être conservée, nous croyons qu'il faut prendre définitivement pour type du genre *Nassa* le *N. mutabilis* (1) ».

Cependant, on remarquera que le plus grand nombre des espèces appartenant au genre *Nassa (sensu lato)*, est orné de costulations longitudinales et surtout de stries décurrentes; en outre leur galbe est plutôt fusiforme-lancéolé. Or le *Buccinum mutabile* de Linné est au contraire lisse et brillant, avec un galbe globuleux. Nous en avons fait notre genre *Sphæronassa*. Nous estimons qu'il convient de prendre pour prototype du genre *Nassa (sensu stricto)* le *Buccinum reticulatum*

(1) Bucquoy, Dautzenberg et Dollfus, 1881. *Moll. Rouss.*, p. 42.

de Linné, espèce bien connue, bien caractérisée, et qui paraît résumer exactement l'ensemble des caractères généraux du genre tels que nous les avons exposés plus haut.

Le genre *Nassa*, ainsi défini, comprend, dans la faune française, trente et une espèces que nous avons réparties en huit groupes. Le premier groupe renferme les formes les plus globuleuses, faisant suite, en quelque sorte, aux espèces du genre *Sphæronassa*, mais caractérisées par un régime double de costulations longitudinales et de stries décurrentes. Le dernier groupe contient des formes chez lesquelles les costulations longitudinales disparaissent et les stries décurrentes plus ou moins obsolètes seules subsistent; ce groupe sert ainsi de transition avec le genre *Amycla* qui fait suite au genre *Nassa*.

A. — Groupe du N. NITIDA

Ce premier groupe renferme des espèces de taille assez forte, toutes costulées longitudinalement et striées transversalement, mais avec un galbe court et globuleux. Ces formes vivent dans toutes nos mers, et ont pour type le *Nassa nitida* de Jeffreys, espèce parfaitement caractérisée et bien figurée.

NASSA NITIDA, Jeffreys.

(Pl., fig. 1.)

Buccinum reticulatum (pars), de Blainville, 1826. *Faune franç.*, pl. VII, fig. 1.
Nassa reticulata (pars), Reeve, 1853. *Icon. Conch.*, pl. IX, fig. 57, *a*.
— *nitida*, Jeffreys, 1867-1869. *Brit. conch.*, IV, p. 349, pl. LXXXVII, fig. 4. — Locard, 1886 *Prodr. malac. franç.*, p. 134.
— *reticulata (var. nitida)*, Bucquoy, Dautzenberg et Dollfus, 1882. *Moll. Rouss.*, p. 51, pl. X, fig. 10 et 11.

Description. — Coquille d'un galbe ovoïde un peu court, ventrue, un peu plus développée et plus acuminée en dessus qu'en dessous. — Test solide, épais, subopaque, orné: de côtes longitudinales légèrement flexueuses, fortes, régulières, régulièrement espacées, peu nombreuses (10 à 12, sur le dernier tour), à peine atténuées dans le bas du dernier tour, laissant entre elles des espaces intercostaux plus grands que l'épaisseur des côtes ; et de sillons décurrents, peu profonds, continus, passant par-dessus les côtes, très régulièrement espacés et plus rapprochés entre eux que les côtes. — Spire relativement peu élevée, composée de 7 à 8 tours bien étagés, presque méplans, à croissance lente et régulière ; dernier tour ventru, un peu plus grand que la moitié de la hauteur totale, à profil extérieur largement arrondi, un peu atténué dans le bas. — Suture peu profonde, accusée surtout par le profil des tours. — Sommet un peu aigu, souvent tronqué, lisse, brillant, d'un roux clair. — Ouverture un peu oblique, régulièrement ovalaire, légèrement rétrécie dans le haut en forme de sinus peu profond ; labre épaissi et faiblement plissé intérieurement, soutenu à l'extérieur par une dernière côte plus forte que les précédentes; plis du labre assez saillants, peu profonds, espacés surtout dans le bas; collumelle un peu arquée, lisse, à peine bordée intérieurement; callum assez développé, reliant les deux bords de l'ouverture, un peu épais, lisse et brillant; canal court, assez large, ouvert, réfléchi. — Coloration d'un roux plus ou moins foncé, avec des zones et des linéoles décurrentes étroites, un peu brunes, souvent un peu confuses, et une bande noirâtre ou cendrée, infrasuturale, étroite, continue ; à l'intérieur du labre une large tache plus claire; ouverture brunâtre; péristome blanc, nacré. — Opercule petit, corné, ovalaire, d'un fauve roux, à nucléus apical.

Dimensions. — Hauteur totale : 24 à 26 millimètres.
Diamètre maximum : 14 à 16 millimètres.

Variétés. — *Ventricosa.* — De même taille, ou de taille un peu plus petite, mais d'un galbe encore plus ventru, le dernier tour plus renflé.

Major. — De grande taille, atteignant jusqu'à 32 millimètres, d'un galbe un peu plus allongé (Bucquoy, Dautzenberg et Dollfus, *Moll. Rouss.*, pl. X, fig. 11).

Minor. — De même galbe, mais ne dépassant pas 22 millimètres de hauteur.

Lævigata. — De toutes tailles, avec le labre et la columelle complètement lisses.

Zonata. — De toutes tailles, avec une zone décurrente médiane plus claire, plus large, bien distincte, bordée de brun foncé, visible sur tous les tours.

Depicta (Bucquoy, Dautzenberg et Dollfus) (1). — De toutes tailles,

(1) Bucquoy, Dautzenberg et Dollfus, 1882. *Moll. Rouss.*, p. 81.

avec les intervalles entre les stries décurrentes ornés chacun de deux linéoles parallèles, composées de points d'un brun rougeâtre.

Fusca. — De toutes tailles, d'un brun très foncé, avec les zones ou linéoles décurrentes très confuses ; péristome d'un roux très clair.

Olivacea. — De toutes tailles, d'un brun olivâtre, avec les zones ou linéoles décurrentes d'un brun très foncé, un peu confuses; péristome verdâtre.

Rosea (Bucquoy, Dautzenberg, Dollfus) (1). — « D'une couleur uniforme, ornée, au milieu des tours supérieurs, d'une bande blanchâtre qui se continue vers le haut du dernier tour ; les stries décurrentes superficielles. »

Albida — De petite taille, presque complètement blanche.

Observations. — Cette forme, très bien étudiée par le regretté Jeffreys, est celle qui dans ce premier groupe a l'ornementation la plus simple. C'est donc, en tenant compte en outre de son galbe, une transition naturelle entre les formes du genre précédent et les autres *Nassa*. Nous voyons cette même espèce très bien figurée dans l'atlas de de Blainville (2) ; mais le dessinateur, après avoir très exactement représenté le galbe et le mode d'ornementation de la coquille, a ajouté sur le labre des denticulations très saillantes qui nous paraissent quelque peu fantaisistes.

Habitat. — Assez commun ; zone littorale, dans les eaux un peu saumâtres, sur les fonds vaseux ; toutes les côtes de France.

NASSA SERVAINI, Locard.

(Pl., fig. 2.)

Description. — Coquille d'un galbe ovoïde court et ramassé, bien ventrue, à peu près également développée en dessus comme en dessous. — Test solide, épais, subopaque, orné : de côtes longitudinales (16 à 18) sur le dernier tour, légèrement flexueuses, fortes, régulières, bien régulièrement espacées, un peu atténuées dans le bas, laissant entre elles un espace

(1) Bucquoy, etc., *Loc. cit.*, p. 51.

(2) De Blainville, 1826. *Faune franç.*, pl. VII, fig. 1.

intercostal sensiblement égal à l'épaisseur des côtes; et de sillons décurrents, peu profonds, continus, passant par-dessus les côtes, très régulièrement espacés, à peu près aussi distants entre eux que les côtes. — Spire peu élevée, composée de 7 à 8 tours à profil légèrement convexe, à croissance lente et régulière chez les premiers tours, devenant un peu plus rapide chez le dernier; dernier tour renflé, ventru, un peu plus grand que la moitié de la hauteur totale, à profil extérieur bien arrondi, atténué à la base. — Suture peu profonde, accusée surtout par le profil des tours. — Sommet un peu aigu, presque toujours tronqué, lisse, brillant, d'un roux clair. — Ouverture régulièrement ovalaire, un peu élargie, terminée dans le haut par un sinus peu profond; labre épaissi intérieurement et orné dans cette partie de denticulations pliciformes souvent obsolètes dans le haut, plus marquées, plus allongées et plus rapprochées dans le bas, soutenu extérieurement par une dernière côte plus forte que les précédentes; columelle arquée, avec un ou deux plis obsolètes, bordée dans le bas; callum assez développé, reliant les deux bords de l'ouverture, un peu épaissi dans le haut et dans le bas, lisse et brillant; canal court, assez large, ouvert, réfléchi. — Coloration d'un roux pâle avec des zones et des linéoles décurrentes étroites, plus foncées, parfois confuses; une bande infra-suturale étroite, plus marquée, continue sur tous les tours, d'un noir ou brun cendré, occupant près de la moitié du dernier tour; à l'extérieur du labre une large tache plus claire, parfois confuse sur les bords; ouverture brunâtre; péristome blanc nacré. — Opercule corné, ovalaire, d'un fauve clair, à nucléus apical.

Dimensions. — Hauteur totale : 22 à 24 millimètres.
Diamètre maximum : 13 à 15 millimètres.

Variétés. — *Major.* — De même galbe, mais atteignant de 26 à 28 millimètres de hauteur totale.

Elongata. — De même taille, mais d'un galbe un peu plus effilé, moins ventru dans le bas, avec la spire proportionnellement plus allongée.

Minor. — De même galbe, ou d'un galbe un peu plus allongé, ne dépassant pas de 18 à 20 millimètres de hauteur totale.

Fusca. — De même taille et de même galbe, de coloration plus foncée, avec les zones décurrentes peu distinctes.

Observations. — Cette forme paraît avoir été confondue avec le *Nassa reticulata*, quoiqu'en réalité par son galbe et par la disposition de son ouverture elle ait beaucoup plus d'affinités avec le *Nassa nitida*. Dans l'atlas de MM. Bucquoy, Dautzenberg et Dollfus (1), nous voyons figurer la *var. major* de notre *Nassa Servaini*, sous le nom de *Nassa reticulata*. Nous sommes heureux de dédier cette nouvelle espèce à notre savant collègue et ami, M. le Dr Servain, président de la Société malacologique de France.

Rapports et différences. — Le *Nassa Servaini*, par son galbe court, trapu, à spire peu élevée, avec son dernier tour bien développé et bien ventru, ne saurait être rapproché du *Nassa reticulata* et des autres formes affines. Comparé au *Nassa nitida*, on le distinguera : à sa taille plus petite ; à son galbe proportionnellement plus court, beaucoup plus renflé et ventru dans tout son ensemble ; à sa spire proportionnellement moins haute ; à ses tours supérieurs à profil plus convexe ; à son dernier tour à profil plus arrondi ; à ses costulations longitudinales plus nombreuses et plus rapprochées, plus régulières, moins flexueuses, laissant entre elles des espaces intercostaux égaux et non pas plus grands que l'épaisseur des côtes ; à son ouverture plus arrondie ; à son labre plus fortement épaissi intérieurement ; etc.

Habitat. — Peu répandu ; en colonies populeuses ; zone littorale ; sur toutes nos côtes mais plus communément dans la Méditerranée ; nous l'avons reconnu dans les stations suivantes : Granville (Manche) ; Royan (Charente-Inférieure) ; La Nouvelle (Aude) ; cap Sicié (Var) ; Menton (Alpes-Maritimes) ; etc.

NASSA ROCHEBRUNEI, Locard.

(Pl., fig. 3.)

Description. — Coquille d'un galbe ovoïde-globuleux, très courte, très ventrue, presque aussi développée en dessus qu'en dessous. — Test olside, épais, subopaque, orné : de côtes longitudinales (19 à 22 sur le dernier tour), un peu flexueuses, assez fines, régulières, et régulièrement espacées, à peine atténuées dans le bas, laissant entre elles un espace intercostal plus petit que leur épaisseur ; et de sillons décurrents peu profonds,

(1) Bucquoy, Dautzenberg et Dollfus, 1882. *Moll. Rouss.*, pl. X, fig. 9.

continus, passant par-dessus les côtes, très régulièrement espacés, formant sur le test une sorte de quadrillage régulier. — Spire peu élevée, composée de 7 à 7 1/2 tours à profil de plus en plus convexe, à croissance très lente et régulière; dernier tour notablement plus grand que la moitié de la hauteur totale, très renflé, très ventru, à profil extérieur très arrondi, atténué à la base. — Suture peu profonde, accusée surtout par le profil des tours. — Sommet un peu aigu, souvent tronqué, lisse, brillant, d'un roux clair. — Ouverture arrondie, terminée dans le haut par un sinus étroit assez profond; labre épaissi intérieurement, orné de denticulations assez accusées, un peu courtes, plus serrées dans le bas que dans le haut, soutenu extérieurement par une dernière côte plus saillante que les précédentes; columelle arquée, parfois plissée, toujours bordée, dans le bas; callum un peu épais, assez développé, reliant les deux bords de l'ouverture, épaissi surtout vers la columelle; canal court, ouvert, large, un peu réfléchi. — Coloration d'un jaune roux clair, avec des zones et des linéoles décurrentes, étroites, plus foncées, souvent confuses; une bande brune supra-suturale, étroite, continue sur tous les tours; une bande infra-suturale pareille, occupant un peu plus de la moitié du dernier tour, s'éclaircissant dans le bas; une tache plus claire à l'extérieur du labre, souvent confuse sur ses bords; ouverture brunâtre; péristome blanc nacré. — Opercule corné, ovalaire, d'un fauve clair, à nucléus apical.

Dimensions. — Hauteur totale: 23 à 25 millimètres.
Diamètre maximum : 14 à 16 millimètres.

Variétés. — *Elongata.* — Coquille de même taille, ou de taille un peu plus petite, d'un galbe un peu plus allongé, avec la spire plus conique, le dernier tour restant très ventru.

Minor. — De même galbe, mais ne dépassant pas 20 millimètres de hauteur totale.

Callosa. — De même galbe, avec des plis courts, calleux, sur la columelle, en nombre variant de cinq à huit, inégalement répartis, souvent plus nombreux dans le haut que dans le bas.

Observations. — Par son mode d'ornementation nous avions rapproché cette forme de notre *Nassa isomera;* mais l'étude d'un plus grand nombre d'échantillons nous a conduit à la séparer de ce type et à la rapprocher des autres *Nassa* costulées et globuleuses dont le prototype est le *Nassa nitida*. La *var. callosa*, qui présente un mode d'ornementation aperturale toute particulier, a été recueillie soit dans la Manche, à Saint-Malo, soit dans l'Océan, à Royan. Nous n'avons pas encore observé cette variété dans la Méditerranée.

Rapports et différences. — On distinguera le *Nassa Rochebrunei* des deux autres *Nassa* que nous venons d'examiner : à son galbe encore plus court et proportionnellement plus globuleux ; à sa spire moins haute ; à ses tours plus convexes ; à son dernier tour plus ventru, à profil plus arrondi ; à son ouverture moins elliptique ; à son ornementation qui comporte des costulations plus nombreuses, plus rapprochées, découpées par les stries décurrentes sous forme d'un treillis plus régulier ; etc.

Habitat. — Peu commun : zone littorale, sur toutes nos côtes ; nous l'avons observé dans les stations suivantes : Saint-Malo (Manche) ; Royan (Charente-Inférieure) ; La Nouvelle (Aude) ; cap Sicié (Var) ; etc.

NASSA INTERJECTA, Locard.

(Pl., fig. 4.)

Nassa interjecta, Locard, 1886. *Prodr. malac. franç.*, p. 136 et 550.

Description. — Coquille de petite taille, d'un galbe court, ovoïde-ventrue, aussi développée en dessus qu'en dessous. — Test solide, épais, subopaque, orné : de costulations longitudinales très nombreuses (24 à 26 sur le dernier tour), presque droites ou très légèrement flexueuses, fines, régulières et régulièrement espacées, laissant entre elles des espaces intercostaux notablement plus petits que l'épaisseur des costulations, et de sillons décurrents profonds, aussi rapprochés que les costulations, passant par-dessus celles-ci et les découpant de manière à former une sorte de treillis régulier dans lequel cependant les costulations dominent. — Spire peu élevée, composée de 6 1/2 à 7 1/2 tours, à profil légèrement convexe, à croissance assez lente et régulière ; dernier tour notablement plus grand que la moitié de la hauteur totale de la coquille, bien ventru, à profil extérieur bien arrondi dans son milieu, atténué dans le bas. — Suture peu profonde, accusée surtout par le profil des tours. — Sommet aigu, souvent tronqué, lisse, brillant, d'un roux clair.

— Ouverture oblique un peu étroite, d'un ovale allongé, légèrement rétrécie dans le haut sous forme d'un sinus large et très peu profond; labre épaissi intérieurement et orné de six à huit denticulations pliciformes assez allongées, un peu saillantes, plus rapprochées en bas qu'en haut, et soutenu à l'extérieur par le développement d'une costulation longitudinale plus forte que les précédentes; columelle arquée, ornée de six à huit granulations pliciformes courtes, plus ou moins saillantes, dont un pli plus allongé bordant la base; callum assez développé, un peu épais, reliant les deux bords de l'ouverture, lisse et brillant; canal court, assez large, ouvert, un peu réfléchi. — Coloration fauve clair, avec deux larges zones décurrentes plus foncées, un peu confuses, l'une infra-suturale, l'autre basale. — Opercule petit, corné, ovalaire, à nucléus apical.

Dimensions. — Hauteur totale: 14 à 16 millimètres.
Diamètre maximum : 9 à 11 millimètres.

Observations. — Cette jolie petite espèce, la plus petite du groupe, est en quelque sorte intermédiaire entre les groupes des *Nassa nitida* et *N. reticulata* et le groupe du *Nassa incrassata*. Dans notre *Prodrome* (1) nous l'avions placée en tête de ce dernier groupe. Mais nous estimons que par son galbe globuleux il convient mieux de la faire rentrer dans le groupe du *N. nitida*.

Nous ne connaissons ni description ni figuration de cette nouvelle forme. Cependant Kiener (2) a représenté dans son atlas, sous le nom de *Buccinum marginatum* jeune, une coquille dont le galbe et l'ornementation présentent une réelle analogie avec notre type; seuls les caractères aperturaux du labre et de la columelle sont différents.

Rapports et différences. — Une telle forme ne peut être confondue avec aucune des espèces que nous venons de citer, non seulement avec les types, mais même encore avec leur *var. minor*. Elle n'a de réels rapports qu'avec le *Nassa Rochebrunei;* mais on la distinguera toujours : à sa taille beaucoup plus petite; à ses tours moins détachés, à profil moins convexe; à ses costulations encore plus nombreuses malgré sa faible taille; à son ouverture plus étroite, plus ovalaire; etc.

Habitat. — Rare ; zone littorale : La Manche, la Provence.

(1) A. Locard, 1886. *Prodr. malac. franç.*, p. 136.
(2) Kiener, 1835. *Coq. viv.*, *Bucc.*, pl. XXVII, fig. 109.

B. — Groupe du N. RETICULATA

Ce second groupe renferme des espèces de taille assez forte, avec une ornementation analogue à celle des espèces du groupe précédent, mais d'un galbe plus allongé, bien lancéolé, par conséquent facile à distinguer des espèces affines du *Nassa nitida*. Le type de ce groupe est le *Nassa reticulata* ; toutes les espèces qu'il renferme vivent dans nos différentes mers.

NASSA RETICULATA, Linné.

(Pl., fig. 5.)

Buccinum reticulatum, Linné, 1767. *Syst. nat.*, édit. XII, p. 1205. — De Blainville, 1826, *Faune franç.*, p. 172, pl. VII, A, fig. 1. — Kiener, 1835. *Coq. viv.*, *Bucc.*, p. 67, pl. XXIII, fig. 91. — Küster, 1858. *In* Martini et Chemnitz, *Conch. Cab.*, *Bucc.*, p. 22, pl. VI, fig. 10, 11.
— *vulgatum*, Gmelin, 1789. *Syst. nat.*, édit. XIII, p. 3496.
— *tessulatum*, Olivi, 1792. *Zool. Adr.*, p. 144.
— ? *hepaticum*, Montagu, 1803. *Test. Brit.*, I, p. 243, pl. VIII, fig. 1.
Planaxis reticulata, Risso, 1826. *Hist. nat. Eur. merid.*, IV, p. 173.
Nassa reticulata, Petit de la Saussaye, 1853. *In Journ. conch.*, III, p. 198. — Reeve, 1853. *Icon. conch.*, pl. IX, fig. 57, *b*. — Forbes et Hanley, 1853. *Brit. moll.*, III, p. 388, pl. CVIII, fig. 1, 2 ; pl. 44, fig. 3. — Sowerby, 1859. *Ill. ind.*, pl. XIX, fig. 1. — Jeffreys, 1867-1869. *Brit. conch.*, IV, p. 346, pl. LXXXVII, fig. 3. — Bucquoy, Dautzenberg et Dollfus, 1882. *Moll. Rouss.*, p. 49, pl. XI, fig. 8. — Locard, 1886. *Prodr. malac. franç.*, p. 135.

Description. — Coquille d'un galbe lancéolé, allongée, beaucoup plus développée et plus acuminée en dessus qu'en dessous. — Test solide, épais, subopaque, orné : de côtes longitudinales (18 à 20, sur le dernier tour) légèrement flexueuses, fortes, régulières, régulièrement espacées, rapprochées, à peine atténuées dans le bas, sur le dernier tour, laissant entre elles des espaces intercostaux notablement plus petits que l'épaisseur des côtes ; et de sillons décurrents, profonds, continus, passant par-dessus les côtes, très régulièrement espacés et plus rapprochés que ces derniers, découpant le test de façon à former un treillis à mailles rectangulaires. — Spire élevée, acuminée, composée de 8 à 9 tours à profil presque méplan, croissant très lentement et régulièrement ; dernier tour plus petit que la moitié de la hauteur totale, un peu ventru, à profil extérieur bien arrondi dans sa partie médiane, atténué dans le bas. — Sommet aigu, souvent tronqué, lisse, brillant d'un roux clair. — Ouverture un peu oblique, étroitement ovalaire, allongée dans le haut sous forme d'un sinus étroit et assez profond, arrondie dans le bas ; labre épaissi intérieurement, orné dans cette partie de 6 à 8 denticulations pliciformes étroites, droites, allongées, régulières, plus rapprochées en bas qu'en haut, et soutenu extérieurement par une dernière côte plus forte que les précédentes ; columelle un peu arquée, ornée de 4 à 6 plis granuleux, courts, plus ou moins saillants, irréguliers, parfois obsolètes, dont un pli plus allongé bordant la base, et une granulation plus forte accompagnant le sinus supérieur de l'ouverture ; callum assez développé, lisse, brillant, reliant les deux bords de l'ouverture ; canal court, ouvert, assez large, réfléchi. — Coloration d'un jaune roux un peu clair, le plus souvent avec des linéoles et des zones décurrentes plus foncées ; une bande décurrente d'un brun noirâtre ou cendré, infra-suturale ; une large tache blanchâtre à bords confus, sur le côté extérieur du labre ; intérieur roux clair ; péristome blanc nacré. — Opercule petit, corné, ovalaire, à nucléus apical.

Dimensions. — Hauteur totale : 24 à 26 millimètres.
Diamètre maximum : 13 à 15 millimètres.

Variétés. — *Major.* — De même galbe, mais dépassant 30 millimètres de hauteur totale.

Minor. — De même galbe, mais n'atteignant pas 22 millimètres.

Ventricosa. — De toutes tailles, d'un galbe court et ventru, avec la spire toujours effilée, les tours à profil méplan, le dernier tour seul ventru.

Denticulata. — De toutes tailles, et plus souvent de taille *minor*, avec un plus grand nombre de plis ou denticulations sur le labre et la columelle.

Varicosa. — De toutes tailles et surtout de taille *major*, avec une varice continue sur le dernier tour.

Cincta. — De toutes tailles avec une zone perlée infra-suturale, formée par l'intersection des côtes avec un sillon décurrent plus profond que les sillons suivants ; cette ligne perlée est souvent soulignée par une zone plus fortement colorée.

Zonata. — Avec une zone médiane claire, bordée de deux zones beaucoup plus foncées, à bords bien distincts.

Fulva. — D'un fauve roux, avec les linéoles et les zones décurrentes confuses.

Olivacea. — D'un roux verdâtre, presque monochrome.

Pallida. — D'un jaune pâle très clair, avec les zones assez tranchées.
Albida. — Complètement blanches.

Observations. — Cette forme, ainsi que nous venons de la définir, nous paraît être le véritable *Nassa reticulata*, tel que l'a compris Linné, et après lui la plupart des auteurs. C'est du reste une forme commune, très répandue, et peut-être plus septentrionale que méditerranéenne.

C'est ce même type que nous voyons figuré dans les atlas de de Blainville et de Kiener, avec cette différence pourtant que ces deux auteurs ont fait figurer sur le labre de leur type un nombre de plis ou de denticulations un peu trop fantaisistes.

Dans notre synonymie, nous avons inscrit avec un point de doute le *Buccinum hepaticum* de Montagu. En effet, la figure donnée par cet auteur nous paraît se rapporter plutôt au *Nassa nitida* qu'au *Nassa reticulata;* et pourtant Jeffreys, dont on ne peut mettre en doute la parfaite compétence en pareille matière, ne fait pas allusion à l'espèce de Montagu.

Rapports et différences. — On ne peut rapprocher le *Nassa reticulata* que du *Nassa nitida*, comme ont cru devoir le faire quelques auteurs, mais on le distinguera de suite : à son galbe plus allongé, plus lancéolé ; à sa spire plus haute, plus effilée ; à son dernier tour moins développé, moins ventru ; à ses costulations beaucoup plus nombreuses et beaucoup plus rapprochées ; à son ouverture plus étroitement ovalaire ; etc. Le galbe même de ces deux formes nous a conduit, comme on l'a vu, à en faire deux têtes de groupes, l'un pour les espèces costulées mais globuleuses, l'autre pour les espèces également plus ou moins costulées, mais toutes lancéolées.

Habitat. — Commun ; en colonies populeuses ; zone littorale, de préférence dans les fonds sablonneux ou dans les fentes de rochers ; toutes nos côtes, mais plus abondamment dans la Manche et l'Océan que dans la Méditerranée.

NASSA BOURGUIGNATI, Locard.

(Pl., fig. 6.)

Nassa reticulata (pars), Locard, 1886. *Prodr. malac. franç.*, p. 135.

Description. — Coquille d'un galbe lancéolé, un peu ventrue, notablement plus développée et plus acuminée en dessus qu'en dessous. — Test solide, épais, subopaque, orné : de côtes longitudinales (10 à 12 sur le dernier tour), saillantes, assez régulières, flexueuses, un peu atténuées dans le bas, laissant entre elles des espaces intercostaux plus grands que leur épaisseur; et de sillons décurrents peu profonds, continus, passant par-dessus les côtes, très régulièrement espacés, plus rapprochés entre eux que les côtes. — Spire élevée, composée de 8 à 9 tours à croissance très lente et très régulière, bien étagés, les premiers à profil un peu convexes, légèrement arrondis vers la suture ; dernier tour bien développé, un peu plus petit que la moitié de la hauteur totale, à profil extérieur largement arrondi, un peu atténué dans le bas. — Suture peu profonde, accusée surtout par le profil des tours. —Sommet aigu, souvent tronqué, lisse, brillant, d'un roux clair. — Ouverture un peu oblique, ovalaire, faiblement rétrécie dans le haut, sous forme d'un sinus assez large et peu profond, arrondie dans le bas ; labre épaissi intérieurement et orné dans cette partie par des denticulations pliciformes peu allongées, en nombre variable, souvent obsolètes dans le haut, un peu plus saillantes et plus rapprochées dans le bas, soutenu extérieurement par une dernière côte plus forte que les précédentes ; columelle faiblement arquée, lisse, finement bordée à sa base ; callum assez épais, bien développé, reliant les deux bords de l'ouverture, épaissi dans ces deux parties, lisse et brillant ; canal ouvert, assez large, un peu allongé, réfléchi. — Coloration d'un roux foncé, avec des zones et des linéoles décurrentes, étroites plus foncées, souvent confuses; une bande noirâtre continue, infrasuturale; ouverture brunâtre; péristome blanc, nacré. — Opercule ovalaire, corné, d'un fauve roux, à nucléus apical.

Dimensions. — Hauteur totale : 30 à 35 millimètres.
Diamètre maximum : 14 à 17 millimètres.

Variétés. — *Minor*. — De même galbe, mais n'atteignant par 25 millimètres de hauteur.

Varicosa. — De même taille et de même galbe, avec une varice sur le dernier tour.

Zonata. — De toutes tailles, avec une zone brune ou noirâtre, infrasuturale, bien accusée.

Pallida. — D'un roux très clair, un peu jaunâtre, avec les zones assez tranchées.

Observations. — Cette espèce, que nous considérons comme nouvelle, a dû être confondue tantôt avec le *Nassa nitida*, tantôt avec le *Nassa reticulata*. En effet, par son ornementation, avec ses côtes bien espacées, elle rappelle la disposition du *Nassa nitida*, tandis que par son galbe lancéolé elle appartient évidemment au groupe du *Nassa reticulata*. Nous sommes heureux de la dédier à notre savant maître et ami, M. J.-R. Bourguignat.

On remarquera que chez cette espèce, la plus grande de nos Nassa françaises, les sillons décurrents ne paraissent pas découper aussi profondément les côtes que chez les *Nassa reticulata* et *N. isomera ;* le facies de la coquille est donc par ce seul fait déjà tout différent ; en outre on ne voit jamais, comme cela arrive assez souvent chez ces deux mêmes espèces, ce cordon perlé qui souligne la ligne suturale.

Risso (1) a donné, sous le nom de *Planaxis mamillata* dans son atlas, la figure d'une espèce fossile qui nous paraît avoir quelque analogie avec notre coquille.

RAPPORTS ET DIFFÉRENCES. — Nous avons déjà vu que le *Nassa Bourguignati*, tout en rappelant l'ornementation du *Nassa nitida*, avait un galbe tel que nous avons dû le ranger dans le groupe du *Nassa reticulata*. On le distinguera de cette dernière espèce : à sa taille plus forte ; à son galbe moins élancé ; à ses tours plus convexes, paraissant par conséquent mieux séparés ; à ses costulations beaucoup moins nombreuses ; découpées par des sillons décurrents moins profonds ; à son labre moins ornementé ; etc.

HABITAT. — Peu commun : zone littorale, de préférence sur des fonds sableux ou dans les fentes de rochers ; sur toutes les côtes ; nous l'avons observé dans les stations suivantes : Dunkerque (Nord) ; les environs de Brest (Finistère) ; Arcachon (Gironde) ; Guethary (Basses-Pyrénées) ; le Roussillon (Pyrénées-Orientales) ; Marseille (Bouches-du-Rhône) ; Saint-Tropez (Var) ; Nice (Alpes-Maritimes) ; etc.

(1) Risso, 1826. *Hist. nat. Eur. mérid.*, fig. 122.

NASSA POIRIERI, Locard.

(Pl., fig. 7.)

Buccinum reticulatum (var.), Kiener, 1835. *Coq. viv.*, *Bucc.*, pl. XIX, fig. 71.

Description. — Coquille d'un galbe régulièrement lancéolé, un peu courte, aussi développée, mais un peu plus acuminée en dessus qu'en dessous. — Test solide, épais, subopaque, orné : de côtes longitudinales un peu flexueuses, assez fortes, un peu épaisses, régulièrement espacées (14 à 16 sur le dernier tour), à peine atténuées dans le bas ; et de sillons décurrents peu profonds, continus, passant par-dessus les côtes, très régulièrement espacés et plus rapprochés que celles-ci. — Spire médiocrement élevée, composée de 8 à 8 1/2 tours croissant lentement et régulièrement, à profil convexe, un peu méplan en dessus, sur une très faible largeur ; dernier tour un peu plus petit ou sensiblement égal à la moitié de la hauteur totale, à profil extérieur bien convexe, atténué dans le bas. — Suture peu profonde, mais bien marquée par le profil des tours. — Sommet un peu aigu, souvent tronqué, lisse, brillant, d'un roux clair. — Ouverture un peu oblique, d'un ovale allongé, terminée dans le haut par un sinus assez large, peu profond, un peu arrondi dans le bas ; labre épaissi intérieurement et orné dans cette partie de plis peu saillants, souvent obsolètes, en nombre variable, plus rapprochés, plus accusés en bas qu'en haut, et soutenu extérieurement par une côte plus forte que les précédentes ; columelle peu arquée, lisse, bordée finement à la base ; callum assez épais, reliant les deux bords de l'ouverture, épaissi dans le haut et le bas, lisse et brillant ; canal ouvert, assez large, peu profond, réfléchi. — Coloration d'un rouge plus ou moins foncé, avec des zones et des linéoles décurrentes plus ou moins accusées, toujours étroites, souvent confuses ; une bande infra-suturale, continue, plus marquée, de coloration cendrée ou noirâtre ; une autre zone infra-suturale, peu large, plus confuse, de même nuance ; intérieur roux clair ; péristome blanc, nacré. — Opercule corné, ovalaire, d'un fauve roux, à nucléus apical.

Dimensions. — Hauteur totale : 28 à 32 millimètres.
Diamètre maximum : 24 à 26 millimètres.

Variétés. — *Varicosa.* — De même taille et de même galbe, avec une varice sur le dernier tour.

Observations. — Sous le nom de *Buccinum reticulatum, var.*, Kiener a figuré une forme qui nous semble se rapporter exactement à notre *Nassa Poirieri*, avec cette différence pourtant qu'il en a exagéré les caractères, notamment en donnant à la spire un accroissement par trop irrégulier. On peut voir, d'après cette seule figure, combien une telle forme, et par son galbe et par son ornementation, diffère du véritable type du *Nassa reticulata*.

Rapports et différences. — Comparé au *Nassa reticulata*, le *Nassa Poirieri* s'en distingue : par son galbe beaucoup moins allongé, plus régulièrement lancéolé ; par son ensemble plus court, plus ramassé ; par son dernier tour plus haut, plus développé ; par le profil de ses tours notablement plus convexes, paraissant dès lors plus séparés, plus étagés ; par ses costulations longitudinales moins nombreuses, plus flexueuses, plus larges ; par son ouverture plus grande, avec le labre moins ornementé ; etc.

Rapproché du *Nassa Bourguignati*, on le reconnaîtra : à son galbe plus ramassé, aussi développé en dessus qu'en dessous ; à son dernier tour plus développé, à profil plus convexe quoique plus atténué dans le bas ; à ses tours supérieurs moins hauts, plus arrondis ; à ses costulations longitudinales plus nombreuses, plus rapprochées, quoique étant sensiblement de même force ; etc.

Habitat. — Rare : zone littorale ; nous l'avons observé dans les stations suivantes : Royan (Charente-Inférieure) ; Marseille (Bouches-du-Rhône ; La Seyne, Saint-Tropez (Var) ; etc.

NASSA ISOMERA, Locard.

(Pl., fig. 8.)

Nassa isomera, Locard, 1884. *Mss.* — 1886. *Prodr. malac. franç.*, p. 135 et 549.

Description. — Coquille d'un galbe lancéolé, bien allongée, beaucoup plus développée et acuminée en dessus qu'en dessous. — Test solide, épais, subopaque, orné : de costulations longitudinales très nombreuses (28 à 32 sur le dernier tour), légèrement flexueuses, fines, régulières, très rapprochées, découpées par des sillons décurrents, profonds, aussi rapprochées que les costulations, de manière à découper le test suivant un réseau de granulations rectangulaires très serrées, très régulières. — Spire élevée, acuminée, composée de 8 à 9 tours à profil presque méplan, à croissance très lente et régulière ; dernier tour plus petit, ou à peine égal à la moitié de la hauteur totale, légèrement ventru, à profil extérieur arrondi dans sa partie moyenne, atténué dans le bas. — Suture peu profonde, accusée surtout par le profil des tours. — Sommet aigu, souvent tronqué, lisse, brillant, d'un roux clair. — Ouverture un peu oblique, arrondie surtout dans le bas, faiblement rétrécie dans le haut sous la forme d'un sinus étroit et très court ; labre épaissi intérieurement orné dans cette partie de nombreuses denticulations pliciformes, courtes, peu saillantes, très rapprochées, assez régulières, et soutenu extérieurement par une dernière côte plus forte que les précédentes ; columelle un peu arquée, lisse, à peine granuleuse, bordée à la base par un pli peu saillant ; callum assez développé, reliant les deux bords de l'ouverture, un peu épais, lisse et brillant ; canal court, ouvert, assez large, peu profond, légèrement réfléchi. — Coloration d'un roux pâle, avec des zones et des linéoles décurrentes étroites, peu foncées, parfois confuses ; une bande infra-suturale étroite, peu marquée, d'un noir cendré ; à l'extérieur du labre une large tache plus claire, souvent à bords peu distincts ; ouverture brunâtre ; péristome blanc, nacré. — Opercule corné, ovalaire, d'un fauve clair, à nucléus apical.

Dimensions. — Hauteur totale : 22 à 24 millimètres.
Diamètre maximum : 15 à 17 millimètres.

Variétés. — *Major*. — De même galbe, mais dépassant de 26 à 28 millimètres pour la hauteur totale.

Minor. — De même galbe, mais plus petite que 20 millimètres.

Globulosa. — De taille généralement assez petite, d'un galbe plus ventru, avec le dernier tour plus globuleux.

Varicosa. — De toutes tailles, avec une varice sur le dernier tour.

Cincta. — De toutes tailles, et surtout de taille un peu forte, avec une zone perlée saillante, infra-suturale, formée par un sillon décurrent plus profond et plus large que les autres.

Subcostulata. — De toutes tailles, avec quelques costulations longitudinales un peu plus fortes et un peu plus espacées, rappelant l'ornementation du *Nassa reticulata*.

Zonata. — De toutes tailles, avec une zone médiane claire, bordée de deux zones beaucoup plus foncées, à bords bien distincts.

Fulva. — De toutes tailles, d'un fauve roux, avec les linéoles et les zones décurrentes confuses.

Pallida. — D'un jaune pâle très clair, avec les zones décurrentes bien tranchées.

Observations. — Le *Nassa isomera*, par son galbe, se rattache encore directement au groupe du *Nassa incrassata*. Quoique cette espèce ne soit pas rare, nous n'en connaissons pas de figuration. Peut-être cependant faut-il la reconnaître dans la figure 1164 de la planche CXXIV de la première édition du *Syst. conch.*, *Cab.* de Martini et Chemnitz (1) que Küster rapporte au *Nassa reticulata* (2).

Rapports et différences. — De toutes les espèces qui précèdent, le *Nassa isomera* ne peut être rapproché, comme galbe, que des *Nassa reticulata*, *Nassa Bourguignati*, et *Nassa Poirieri*. Il est en effet toujours plus allongé, plus lancéolé que les *Nassa nitida*, *N. Servaini*, *etc.* On le distinguera toujours facilement de toutes les espèces appartenant à son groupe par son mode d'ornementation tout particulier, avec ses costulations longitudinales extrêmement nombreuses, découpées régulièrement par des sillons décurrents. Si parfois certaines variétés conservent encore quelques costulations analogues à celles du *Nassa reticulata*, on les reconnaitra toujours, outre le mode d'ornementation : à leur ouverture plus arrondie, plus large dans le bas ; au labre toujours plus fortement plissé, avec des plis plus nombreux ; à la columelle moins ridée ; etc.

Habitat. — Assez commun ; zone littorale ; les fonds vaseux et les fentes de rochers ; un peu partout sur toutes les côtes, mais plus commun dans le nord que dans le midi.

C. — Groupe du N. LIMATA

Ce groupe ne renferme que deux espèces, de taille assez forte, et dont l'ornementation rappelle celle des espèces des deux groupes précédents ; mais ici le galbe, tout en étant encore lancéolé, présente des tours bien

(1) Martini et Chemnitz, 1780. *Conch. Cab.*, IV.

(2) Küster, 1858. *Conch. Cab.*, *Buccinum*, p. 22.

étagés, à profil plus ou moins arrondi, comme chez les espèces du groupe suivant. Le type de ce groupe plus particulièrement méditerranéen est le *Nassa limata*. Ces deux formes vivent dans les fonds coralligènes.

NASSA LIMATA, Chemnitz.

Buccinum limatum, Chemnitz, 1809. *Conch. Cab.*, XI; p. 87, pl. 1808. 1809.
— *scalariforme*, Kiener, 1835. *Coq. viv.*, *Buccin.*, p. 79, pl. XXI, fig. 80.
— *prismaticum*, Philippi, 1836. *Enum. Moll. Sic.*, I, p. 216
Nassa limata, Weinkauff, 1868. *Conch. Mittelm.*, II, p. 56 — Aradas et Benoit, 1870. *Conch. viv. mar. Sicil.*, p. 291, pl. V, fig. 13 — Locard *(pars)*, 1886. *Prodr. malac. franç.* p. 134.

Description. — Coquille d'un galbe lancéolé, un peu allongée, beaucoup plus conique et plus développée en dessus qu'en dessous. — Test solide, épais, subopaque, orné d'un double régime de côtes et de cordons; côtes longitudinales droites ou légèrement flexueuses, assez minces, assez élevées, espacées (20 à 22, sur le dernier tour), régulières, continues, même jusqu'à la base du dernier tour, laissant entre elles un espace intercostal notablement plus grand que leur épaisseur; cordons décurrents minces, aplatis, peu saillants, réguliers, passant par-dessus les côtes, laissant entre eux un espace presque égal à leur épaisseur. — Spire élevée, acuminée, composée de 9 à 10 tours bien étagés, à croissance lente et régulière, à profil bien convexe; dernier tour proportionnellement à peine plus développé que les tours précédents, à profil extérieur bien arrondi, atténué dans le bas. — Suture profonde, bien accusée par le profil des tours. — Sommet aigu, parfois tronqué, lisse, brillant, d'un fauve très pâle. — Ouverture un peu oblique, assez courte, ovalaire, un peu allongée dans le haut, terminée dans cette partie par un sinus large mais peu profond ; labre tranchant sur les bords, un peu épaissi à l'intérieur, orné dans cette partie de plis fins, nombreux, réguliers, très allongés; columelle très courte, presque droite, ornée de quelques plis granuleux, plus ou moins saillants, dont un pli allongé vers le sinus supérieur, et en pli basal; callum assez développé, reliant les deux bords de l'ouverture, plissé dans le haut, avec les bords très nettement définis, un peu relevés sur la columelle ; canal ouvert, un peu allongé, bien réfléchi, plus profond que large. — Coloration d'un fauve un peu clair, avec quelques maculatures plus foncées, à bords mal définis ; dans le bas du dernier tour, quelques linéoles foncées, obsolètes; intérieur roux très clair ; péristome blanc nacré. — Opercule ?

Dimensions. — Hauteur totale : 26 à 28 millimètres.
Diamètre maximum : 13 à 15 millimètres.

Variété. — *Minor*, de Monterosato (1). — De même galbe, mais de taille plus petite.

Observations. — Le *Buccinum limatum* de Chemnitz a été confondu par bon nombre d'auteurs avec le *Buccinum prismaticum* de Brocchi, espèce fossile qui n'a pas été trouvée à l'état vivant. M. le marquis de Monterosato a, le premier, très bien distingué les deux espèces vivantes de ce groupe (2). C'est à lui que nous empruntons en grande partie la synonymie que nous donnons pour ces deux espèces. Plus tard, M. Bellardi, dans son beau travail sur les Mollusques fossiles du Piémont et de la Lombardie a très exactement fait ressortir les caractères différentiels des *Buccinum prismaticum* de Brocchi, et *Buccinum limatum* de Chemnitz (3). Quant au *Buccinum scalariforme* décrit par Kiener, il doit très vraisemblablement rentrer en synonymie de l'espèce qui nous occupe, malgré l'indication d'un habitat exotique qui en a été donnée.

Rapports et différences. — Comparé aux espèces précédentes, le *Nussa limata* se distinguera de suite : à ses tours à profil beaucoup plus découpé, beaucoup plus arrondi ; à son dernier tour moins développé, croissant régulièrement par rapport aux tours précédents ; à ses costulations plus minces, plus hautes, plus espacées ; à ses stries transversales beaucoup plus larges, formant par conséquent de véritables cordons décurrents régulièrement espacés ; à son labre plus tranchant, orné de plis beaucoup plus allongés à l'intérieur ; etc.

Habitat. — Rare ; les fonds coralligènes ; l'Océan et la Méditerranée.

NASSA DENTICULATA, A. Adams.

Nassa denticulata, A. Adams, 1851. *In Proceed. zool. Soc.*, XIX, p 110. — Reeve, 1853. *Icon. conch.*, pl. IX, fig. 55.
— *prismatica* (*non Broc.*). Küster, 1858. *In* Martini et Chemnitz., *Conch. Cab.*, *Buccin.*,

(1) De Monterosato, 1858. *Enum. e sinon.*, p. 43.
(2) De Monterosato, 1880. *Bull. malac. Ital.*, VI, p. 258.
(3) Bellardi, 1883. *In Mem. accad. Torino*, p. 188.

p. 15, pl. IV, fig. 8-10. — Aradas et Benoît, 1870. *Conch. viv. mar. Sicil.*, p. 292, pl. V, fig. 12.
Nassa renovata, de Monterosato, 1878. *Enum. e sinon.*, p. 43.
— *limata (pars)*, Locard, 1886. *Prodr. malac. franç.*, p. 134.

Description. — Coquille d'un galbe lancéolé, courte et trapue, plus développée et acuminée en dessus qu'en dessous. — Test solide, épais, subopaque, orné d'un double régime de côtes et de cordons : côtes longitudinales droites ou légèrement flexueuses, minces, assez élevées, espacées (18 à 20 sur le dernier tour), régulières, continues, même jusqu'à la base du dernier tour), laissant entre elles un espace intercostal très notablement plus grand que leur épaisseur ; cordons décurrents minces, aplatis, peu saillants, réguliers, passant par-dessus les côtes, laissant entre eux un espace un peu plus grand que leur épaisseur. — Spire assez élevée, acuminée, composée de 9 à 10 tours très étagés, à croissance rapide et régulière, à profil très convexe ; dernier tour développé, surtout en diamètre, à profil extérieur très arrondi, un peu globuleux, atténué dans le bas. — Suture profonde, bien accusée par le profil des tours. — Sommet aigu, parfois tronqué, lisse, brillant, d'un fauve très pâle. — Ouverture un peu oblique, assez courte, ovalaire, rétrécie dans le haut, bien arrondie dans le bas, terminée dans le haut par un sinus peu profond mais très large ; labre tranchant sur les bords, un peu épaissi à l'intérieur, orné dans cette partie de plis fins, nombreux, réguliers, très allongés ; columelle très courte, arquée, ornée de quelques plis granuleux plus ou moins saillants, dont un pli allongé vers le sinus supérieur, et un pli basal ; callum assez développé, reliant les deux bords de l'ouverture, plissé dans le haut, avec des bords très nettement définis, un peu relevés sur la columelle ; canal ouvert, un peu allongé, bien réfléchi, plus profond que large. — Coloration d'un fauve un peu clair, avec quelques larges maculatures un peu plus foncées, à bords mal définis ; une zone décurrente plus colorée, assez large, plus ou moins accusée, sur le milieu du dernier tour ; intérieur jaunâtre pâle ; péristome blanc nacré. — Opercule corné.

Dimensions. — Hauteur totale : 22 à 24 millimètres.
Diamètre maximum : 14 à 16 millimètres.

Variété. — *Minor*. — Coquille de même galbe, ou d'un galbe un peu plus ventru, mais de taille plus petite.

Observations. — Cette espèce, comme la précédente, a été souvent confondue soit avec le *Buccinum limatum*, soit avec le *B. prismaticum*. Pour résumer les connaissances actuelles relatives aux espèces de ce groupe, nous dirons qu'il existe soit à l'état vivant, soit à l'état fossile, un certain nombre de formes affines, mais différentes :

1° *Nassa prismatica*, Broc., très bien défini et représenté par M. Bellardi (1) avec toutes indications synonymiques qui s'y rapportent; espèce exclusivement fossile dans le pliocène supérieur de l'Astésan, du Modenais, etc.

2° *Nassa limata*, Chemnitz, dont nous avons donné la synonymie ; espèce vivante, du golfe de Gascogne et de la Méditerranée.

3° *Nassa denticulata*, A. Adams ; espèce vivant dans la Méditerranée, et que nous avons retrouvée fossile dans les marnes du pliocène de Biot, près d'Antibes, dans les Alpes-Maritimes.

4° Une espèce fossile du miocène de Lapugny, nommé par MM. Hörnes et Auinger (2) *Buccinum limatum*, et qui est très probablement différente du véritable *N. limata ;* il conviendra de changer le nom de cette dernière espèce.

Rapports et différences. — Le *Nassa denticulata* comparé au *N. limata* en diffère : par sa taille un peu plus petite ; par son galbe plus court, plus ramassé ; par ses tours à croissance beaucoup plus rapide, encore plus étagés, à profil notablement plus convexe ; par ses costulations plus étroites, un peu moins nombreuses, laissant entre elles un espace intercostal plus grand ; par son ouverture moins ovalaire, plus grande ; etc.

Habitat. — Rare ; zone coralligène ; les côtes de la Méditerranée.

D. — Groupe du N. INCRASSATA

Dans ce groupe nous avons réuni des *Nassa* de taille assez petite, d'un galbe un peu variable, toujours ornées de costulations longitudinales s'étendant sur toute la hauteur des tours, et découpées par des stries décurrentes plus ou moins profondes ; toutes ces espèces ont le péris-

(1) *Nassa prysmathica*, Brocchi, *in* Bellardi, 1882. *Mem. accad. Torino*, pl. V, fig. 1.
(2) Hörnes et Auinger, 1882. *Gaster. Oesterr. Ungar*, p. 130, pl. XIII, fig. 2-7.

tome blanc; le type du groupe est le *Nassa incrassata*, forme bien connue, autour de laquelle nous avons réuni un certain nombre de formes affines dont plusieurs étaient mal définies ou mal décrites jusqu'à présent.

NASSA INCRASSATA, Müller.

Tritonium incrassatum, Müller, 1776. *Zool. Dan.*, *Prodr.*, p. 2946.
Buccinum minutum, Pennant, 1787. *Brit. zool.*, IV, p. 122 pl. LXXIX.
Murex incrassatus, Gmelin, 1759. *Syst. nat.*, édit. XIII, p. 3547.
Buccinum macula, Montagu, 1803. *Test. Brit.*, p. 241, pl. VIII, fig. 4. — De Blainville, 1826. *Faune franç.*, p. 174, pl. VI, C, fig. 7.
— *coccinella*, de Lamarck, 1822. *Anim. s. vert.*, VII, p. 274. — Kiener, 1835 *Coq. viv.*, *Bucc.*, p. 82, pl. XXV, fig. 98.
Nassa incrassata, Petit de la Saussaye, 1852. *In Journ. conch.*, III, p. 199. — Reeve, 1853. *Icon. conch.*, pl. XVII, fig. 114. — Forbes et Hanley, 1853. *Brit. Moll.*, p. 391, pl. CVIII, fig. 3-4; pl. LL, fig. 1. —Sowerby, 1859. *Ill. ind.*, pl. XIX, fig. 2. —Jeffreys, 1867-1869. *Brit. conch.*, IV, p. 351, pl. LXXXVIII, fig. 1. — Bucquoy, Dautzenberg et Dollfus, 1882. *Moll. Rouss.*, p. 45, pl. XI, fig. 3, 4 et 7.
Buccinum incrassatum, Küster, 1858. *In* Martini et Chemnitz, *Conch. Cab.*, *Bucc.*, p. 25, pl. VI, fig. 10-12.
Columbella incrassata (pars), J. Roux, 1882. *Stat. Alpes-Maritimes*, p. 413.

Description. — Coquille d'un galbe fusiforme, un peu allongée, plus conique et plus développée en dessus qu'en dessous. — Test un peu mince, assez solide, subopaque, orné d'un double régime de costulations et de stries; costulations longitudinales droites, ou un peu flexueuses, nombreuses, assez fines, assez élevées, subégales, à peine atténuées dans le bas, laissant entre elles des espaces intercostaux un peu plus petits que l'épaisseur des côtes; stries décurrentes régulières, profondes, plus rapprochées que les côtes, découpant celles-ci sous formes de réticulations transversalement rectangulaires, bien régulières, assez saillantes. — Spire élevée, conique, aiguë, composée de 6 à 7 tours à croissance lente et régulière, à profil arrondi, surtout dans le bas; dernier tour assez développé, un peu ventru, un peu plus petit, à son extrémité, que la moitié de la hauteur totale, à profil extérieur bien arrondi, un peu atténué dans le bas. — Suture un peu profonde, accusée surtout par le profil des tours. — Sommet acuminé, lisse, brillant, d'un fauve très clair. — Ouverture bien arrondie, surtout dans le bas; labre légèrement épaissi à l'intérieur, orné de denticulations pliciformes assez nombreuses, peu saillantes, parfois obsolètes, allongées et rapprochées, plus accusées dans le bas, et soutenu à l'extérieur par un fort bourrelet arrondi et continu; columelle courte, arquée, ornée de rides ou de plis peu nombreux et peu saillants ; callum peu étendu, reliant les deux bords de l'ouverture, épaissi sur la columelle ; canal court, ouvert, réfléchi, plus profond que large. — Coloration d'un fauve clair ; une zone supra-médiane, continue, étroite, plus foncée, avec des maculatures brunes, visible sur tous les tours ; une seconde zone, de même nuance, visible à la base du dernier tour, assez large, parfois confuse ou réduite à de simples taches ; intérieur fauve très clair ; péristome et bourrelet du labre blanc nacré. — Opercule corné, fauve clair, ovale, à nucléus apical.

DIMENSIONS. — Hauteur totale : 12 à 14 millimètres.
Diamètre maximum : 6 à 7 millimètres.

VARIÉTÉS. — *Major*. — De même galbe, atteignant de 15 à 16 millimètres de hauteur totale.

Minor. — De même galbe, de taille plus petite que 10 millimètres.

Varicosa (Bucq., Dautz., Dollf.) (1). — De toutes tailles, avec une varice sur le dernier tour.

Rosacea. — D'une belle couleur rose, avec une tache brune à la base du canal, le péristome et le bourrelet blanc.

Lutescens (Scacchi) (2). — De toutes tailles, d'une coloration jaune uniforme.

Fusca (Scacchi). — De toutes tailles, d'une teinte brune uniforme, ferrugineuse.

Fasciata (de Monterosato) (3). — De toutes tailles, d'une teinte noirâtre avec une ou deux zones décurrentes d'un blanc jaunâtre.

Azonata. — De petite taille, d'une teinte fauve plus ou moins claire, sans zones décurrentes.

Zonata. — De toutes tailles, d'une teinte brun clair, avec une troisième zone décurrente infra-suturale, analogue à la zone supra-médiane.

Alba (Scacchi). — Entièrement blanche.

OBSERVATIONS. — Sous le nom de *Buccinum* ou de *Nassa incrassata*, bon nombre d'auteurs ont confondu des espèces bien distinctes. Müller est le premier qui ait fait connaître cette coquille sous le nom de *Tritonium incrassatum*. Pennant, presque à la même époque, mais cependant à une date postérieure, la nomma *Buccinum minutum*. C'est très vrai-

(1) Bucquoy, Dautzenberg et Dollfus, 1882. *Moll. Rouss.*, p. 47, pl. XI, fig. 7.
(2) Scacchi, 1836. *Cat. regni Neapolitani*, p. 11.
(3) De Monterosato, 1875. *Nuova rivista*, p. 41.

semblablement la même espèce qui a été désignée sous le nom de *B. macula* par Montagu, et de *B. coccinella* par de Lamarck. Ce dernier nom se voit encore dans les collections un peu anciennes (1). Quant aux *Buccinum Ascaniasi*, *B. Lacepedei* et *B. ambigua*, que l'on a voulu ranger dans ces dernières années avec le *B. incrassata*, nous montrerons plus loin en quoi ces espèces diffèrent du type du groupe tel que nous venons de le décrire.

HABITAT. — Commun ; zones littorale et des laminaires, en colonies populeuses ; sur toutes les côtes.

NASSA VALLICULATA, Locard.

Buccinum macula (non Montagu) Payraudeau, 1826. *Moll. Corse*, p. 157, pl. VII, fig. 23-24.
— De Blainville, 1826. *Faune franç.*, pl. VI, C., fig. 8.
— *coccinella (pars)*, Kiener, 1835. *Coq. viv.*, *Bucc.*, p. 83, pl. XX, fig. 78.
Nassa incrassata (var. elongata), Bucquoy, Dautzenberg et Dollfus, 1882. *Moll. Rouss.*, p. 47, pl. XI, fig. 6.
— *valliculata*, Locard, 1886. *Prodr. malac. franç.*, p. 137 et 550.

DESCRIPTION. — Coquille d'un galbe fusiforme-allongé, beaucoup plus conique et beaucoup plus développée en dessus qu'en dessous. — Test un peu mince, assez solide, subobaque, orné d'un double régime de costulations et de stries ; costulations longitudinales, nombreuses, droites ou à peine flexueuses, assez fines, un peu élevées, subaiguës, à peine atténuées dans le bas, laissant entre elles des espaces intercostaux un peu plus petits que l'épaisseur des côtes ; stries décurrentes régulières, plus rapprochées que les côtes et découpant celles-ci sous forme de réticulations transversalement rectangulaires, fines, régulières, assez saillantes. — Spire bien élevée, conique, aiguë, composée de 7 à 8 tours à croissance lente et régulière, à profil convexe ; dernier tour assez développé, notablement plus petit à son extrémité que la moitié de la hauteur totale, à profil extérieur bien arrondi, un peu atténué dans le bas. — Suture peu profonde, mais bien marquée par le profil des tours. — Sommet acuminé, lisse, brillant, d'un fauve très clair. — Ouverture presque complètement circu-

(1) Peut-être conviendrait-il également de joindre à cette même synonymie les *Planaxis riparia* et *Pl. Desmaresliana* de Risso ; malheureusement ces deux formes sont trop sommairement décrites par leur auteur, et nous n'avons pas pu nous procurer d'assez bons types pour élucider définitivement cette question.

laire ; labre légèrement épaissi à l'intérieur, orné dans cette partie de quelques denticulations pliciformes, peu distinctes, obsolètes, soutenu à l'extérieur par un fort bourrelet arrondi ; callum peu étendu, reliant les deux bords de l'ouverture, épaissi sur la columelle ; columelle courte, arquée, ornée de rides ou plis peu nombreux et peu saillants ; canal court, ouvert, réfléchi, plus profond que large. — Coloration d'un fauve clair, avec une zone supérieure médiane, continue ou discontinue, de couleur brune, étroite, visible sur tous les tours ; une seconde zone un peu confuse, de même couleur à la base du dernier tour ; intérieur fauve clair ; péristome et bourrelet blanc nacré. — Opercule corné, fauve, ovalaire ; nucléus apical.

Dimensions. — Hauteur totale : 16 à 18 millimètres.
Diamètre maximum : 7 1/2 à 8 millimètres.

Variétés. — *Minor.* — Même galbe élancé, mais ne dépassant pas 15 milimètres de hauteur.

Varicosa. — De toutes tailles, avec une varice sur le dernier tour.

Lutescens. — D'une coloration jaune uniforme, sans bandes brunes.

Fasciata — D'une teinte noirâtre, avec une ou deux zones décurrentes d'un blanc jaunâtre.

Azonata — D'une teinte fauve ou rousse un peu claire, sans zones ni bandes.

Observations. — Comme l'a très judicieusement fait observer de Blainville (1), Payraudeau a confondu l'espèce qui nous occupe avec le *Buccinum macula* de Montagu (2), qui n'est autre chose que le *Tritonium incrassatum* de Müller (3). Ce sont deux formes bien distinctes, reproduites par plusieurs auteurs, et qui pourtant figurent à peine à titre de variété dans les iconographies. Outre les figurations assez exactes données par Payraudeau (4), nous reconnaissons cette même espèce dans l'atlas de de Blainville (5) et plus exactement encore dans les planches de Kiener (6). Enfin MM. Bucquoy, Dautzenberg et Dollfus en ont donné une bonne photographie sous le nom de *Nassa incrassata var. elongata* (7).

(1) De Blainville, 1826. *Faune franç.*, p. 174.
(2) Montagu, 1803. *Test. Brit.*, p. 241, pl. VIII, fig. 4.
(3) Müller, 1776. *Zool. Dan.*, *Prodr.*, p. 2946.
(4) Payraudeau, 1826. *Moll. Corse*, pl. VII, fig. 23, 24.
(5) De Blainville, 1826. *Loc. cit.*, pl. VI, C. fig. 8.
(6) Kiener, 1835. *Coq. viv.*, *Bucc.*, pl. XX, fig. 78.
(7) Bucquoy, Dautzenberg et Dollfus, 1882. *Moll. Rouss.*, pl. XI, fig. 6.

Rapports et différences. — Par son ornementation le *Nassa valliculata* se rapproche notablement du *Nassa incrassata*, mais son galbe est essentiellement différent. On le distinguera sans peine : à sa taille plus forte ; à sa spire beaucoup plus haute et plus acuminée ; à ses tours de spire plus nombreux, à profil un peu moins arrondi ; à son dernier tour moins ventru, moins développé, toujours moins haut ; à son ouverture plus exactement circulaire, et partant plus arrondie dans le haut ; à son labre moins plissé ; etc.

Habitat. — Peu commun : zone littorale, çà et là sur les côtes de Provence.

NASSA ASCANIASI, Bruguière.

Buccinum Ascanias, Bruguière, 1789. *Diction.*, n° 42. — De Lamarck, 1822. *Anim. sans vert.*, VII, p. 273. — De Blainville, 1826. *Faune Franç.*, p. 178 (non fig.). — Kiener, 1835. *Coq. viv.*, *Buccin.*, p. 81, pl XXVI, fig. 106.
Columbella incrassata (pars), Roux, 1862. *Stat. Alpes-Maritimes*, p. 413.
Nassa Ascaniasi, Locard, 1886. *Prodr. malac. franç.*, p. 137.

Description. — Coquille d'un galbe fusiforme assez allongé, plus conique et plus acuminée en dessus qu'en dessous. — Test un peu mince, assez solide, subopaque, orné d'un double régime de costulations et de stries ; costulations longitudinales droites ou un peu flexueuses, très nombreuses, assez fines, élevées, subégales, à peine atténuées dans le bas, laissant entre elles des espaces intercostaux un peu plus petits que l'épaisseur des côtes ; stries décurrentes régulières, profondes, plus rapprochées que les côtes, découpant celles-ci sous forme de réticulations transversalement rectangulaires, fines, régulières, assez saillantes. — Spire élevée, conique, aiguë, composée de 6 à 7 tours à croissance lente et régulière, à profil exactement arrondi ; dernier tour très développé, très ventru, à profil extérieur exactement arrondi. — Suture linéaire, mais bien marquée par le profil des tours. — Sommet acuminé, lisse, brillant, d'un fauve très clair. — Ouverture exactement arrondie ; labre épaissi à l'intérieur et orné dans cette partie de denticulations pliciformes fines, nombreuses, plus rapprochées dans le bas que dans le haut, soutenu extérieurement par un fort bourrelet bien arrondi ; callum peu étendu, reliant les deux bords de l'ouverture, épaissi sur la columelle ; canal court, ouvert, réfléchi, plus profond que large. — Coloration d'un roux cendré uniforme, avec une bande bleuâtre étroite, continue, couvrant la suture et s'étendant sur la partie médiane du dernier tour. — Opercule corné, fauve clair, ovale, à nucléus apical.

Dimensions. — Hauteur totale : 12 à 14 millimètres.
Diamètre maximum : 5 1/2 à 6 1/2 millimètres.

Variétés. — *Azonata* (Kiener [1]). — De même taille et de même galbe, sans bande colorée.

Minor. — De même galbe, mais de taille plus petite.

Observations. — Qu'est-ce que le *Buccinum Ascanias ?* A en croire la plus grande partie des auteurs modernes, voilà une espèce qu'il faudrait à tout jamais rayer de la nomenclature et faire rentrer purement et simplement comme synonyme du *Nassa incrassata*. Cependant cette espèce, créée par Bruguière, a été admise par de Lamarck, de Blainville, Kiener et bien d'autres. Il nous paraissait assez singulier que si les auteurs que nous venons de citer avaient admis, décrit ou figuré une telle forme, ce n'était pas à la légère, et sans motifs sérieux. Qui donc, en pareille matière, avait tort ou raison? Longtemps nous avons cherché le type du *Buccinum Ascanias ;* et nous avons été agréablement surpris en le retrouvant dans la collection Delessert au musée de Genève, absolument conforme à l'excellente figuration donnée par Kiener. Or, pour quiconque a vu ces échantillons, il n'est pas possible, même au moins clairvoyant de tous les malacologistes du monde de les confondre un seul instant avec n'importe quelle forme du *Nassa incrassata*. Il faut donc nécessairement en conclure que cette espèce, comme bien d'autres, hélas ! a été biffée des catalogues par des auteurs qui ont négligé purement et simplement de se donner la peine de l'étudier ! Donc, avec Bruguière, de Lamarck, de Blainville, Kiener, etc., nous maintiendrons cette belle espèce, et l'on voudra bien reconnaître que nous sommes en bonne compagnie.

Il est à remarquer qu'il existe entre Kiener et les autres auteurs un certain désaccord au sujet de la synonymie qu'il convient de donner aux *Nassa Ascaniasi* et *N. incrassata*, Deshayes, dans la sixième édition de Lamarck (2), donne au *Buccinum Ascanias* une longue synonymie, et démontre que cette espèce n'est autre chose que le *Tritonium incrassatum*

(1) Kiener, 1835. *Coq. viv.*, *Buccin.*, p. 81.
(2) Deshayes, 1844. *Hist. nat. anim. sans vert.*, 2e édit., X, p. 174.

de Müller. Le *Buccinum coccinella* (1) serait, au contraire, une espèce des côtes de Bretagne, sans synonyme. Kiener, par contre, donne à son *B. coccinella* (2) les mêmes synonymes que Deshayes pour le *B. Ascanias*, et fait du *B. Ascanias* une espèce sans synonyme. Lequel des deux auteurs est dans le vrai? Deshayes, dont la bonne foi ne saurait être mise en doute, nous paraît être revenu plus tard sur sa première manière de voir. En effet, sur plusieurs étiquettes appartenant à des collections différentes, et écrites de sa propre main, postérieurement à la publication de la deuxième édition de Lamarck, nous avons pu voir qu'il donnait pour synonyme, au *Buccinum coccinella* de Lamarck, les *Buccinum incrassatum*, *B. maculatum* et *B. Lacepedei*. C'est donc à cette dernière manière de voir qu'il convient de se ranger. C'est pour cette raison que nous avons maintenu, d'après les lois de la priorité, le *Buccinum coccinella* comme synonymie du *Nassa incrassata*.

Rapports et différences. — Le *Nassa Ascaniasi*, rapproché du *Nassa incrassata*, s'en distinguera très facilement : par sa taille plus forte ; par son galbe plus allongé, rappelant celui du *Nassa valiculata* ; par son dernier tour notablement plus ventru ; par ses tours de spire beaucoup plus arrondis, « toujours très convexes », comme le dit Kiener ; par sa suture plus accusée ; par son ouverture plus arrondie ; par son labre orné d'un plus grand nombre de denticulations pliciformes ; par ses côtes longitudinales plus nombreuses, plus rapprochées, plus atténuées dans le bas, les costulations décurrentes restant les mêmes ; par sa bande unique colorée ; etc.

Habitat. — Rare ; zone littorale des environs de Nice, dans la Méditerranée.

NASSA LACEPEDEI, Payraudeau.

Buccinum Lacepedii, Payraudeau, 1826. *Moll. Corse*, p. 161, pl. VIII, fig. 13-14. — De Blainville, 1826. *Faune franç.*, p. 178, pl. VI, C, fig. 6.
Planaxis rosacea, Risso, 1826. *Hist. nat. Eur. mérid.*, IV, p. 176.
Buccinum coccinella (pars), Kiener, 1835. *Coq. viv.*, *Bucc.*, p. 84, pl. XX, fig. 77.
Columbella incrassata (pars), J. Roux, 1862. *Stat. Alpes-Maritimes*, p. 413.
Nassa Lacepedei, Locard, 1886. *Prodr. malac. franç.*, p. 137.

Description. — Coquille d'un galbe fusiforme un peu court, plus conique et plus développé en dessus qu'en dessous. — Test un peu mince,

(1) Deshayes, *loc. cit.*, p. 176.
(2) Kiener, 1835. *Coq. viv.*, *Buccinum*, p. 81 et 82.

assez solide, subopaque, orné d'un double régime de costulations et de stries; costulations longitudinales droites ou un peu flexueuses, assez nombreuses, fortes, assez élevées, subégales, à peine atténuées dans le bas, laissant entre elles un espace intercostal un peu plus grand que leur épaisseur; stries décurrentes assez fortes, un peu espacées, régulières, découpant les costulations sous forme d'un treillis régulier à mailles transversalement rectangulaires. — Spire un peu élevée, conique, aiguë, composée de 6 à 7 tours à croissance lente et régulière, à profil bien convexe; dernier tour assez allongé, assez ventru, un peu plus petit à son extrémité que la moitié de la hauteur totale, à profil extérieur bien arrondi, un peu atténué dans le bas. — Suture linéaire, mais bien accusée par le profil des tours. — Sommet acuminé, lisse, brillant, d'un fauve très clair. — Ouverture bien arrondie, terminée dans le haut par un sinus étroit et peu profond, parfois presque nul; labre un peu épaissi intérieurement, orné dans cette partie de denticulations pliciformes très nombreuses, peu saillantes, fines, très rapprochées, plus accusées et plus nombreuses en bas qu'en haut, soutenu à l'extérieur par un fort bourrelet bien arrondi; columelle courte, arquée, ornée de rides ou plis peu nombreux et peu saillants, dont un pli basal mieux accusé que les autres; callum peu étendu, reliant les deux bords de l'ouverture, épaissi sur la columelle; canal court, ouvert, réfléchi, plus profond que large. — Coloration d'un fauve rosé, plus ou moins intense, monochrome, ordinairement sans bandes ni zones décurrentes; intérieur fauve clair; péristome et bourrelet blanc nacré. — Opercule corné, ovalaire, fauve clair, à nucléus apical.

Dimensions. — Hauteur totale: 11 à 13 millimètres.
Diamètre maximum: 7 à 8 millimètres.

Variétés. — *Minor*. — De même galbe, mais de taille plus petite.

Elongata. — De même taille, ou de taille un peu plus forte, mais d'un galbe plus allongé, moins ventru au dernier tour.

Rosea (Risso) (1). — D'un rose plus ou moins vif.

Fusca. — D'un fauve brunâtre, plus ou moins foncé.

Maculata. — Avec quelques zones décurrentes étroites, obsolètes, discontinues, d'un fauve pâle, sur le dernier tour.

(1) Risso, 1826. *Hist. nat. Eur. mérid.*, IV, p. 176.

Observations. — Comme l'espèce précédente, le *Nassa Lacepedei*, créé par Payraudeau, a été contesté par presque tous les auteurs, ou tout au plus considéré comme simple variété. Tenant à être absolument édifié au sujet de cette espèce, nous avons obtenu gracieusement la communication du type même de Payraudeau, déposé au Muséum de Paris, et nous pouvons affirmer qu'il s'agit bien là d'une forme définitivement distincte du *Nassa incrassata* et par le galbe et par l'ornementation. Il ne s'agit donc pas, comme le dit Kiener (1), d'une simple variété monochrome. Nous avons cité dans notre synonymie les figurations qui représentent exactement cette espèce.

Nous pouvons également affirmer, d'après les types même de Risso, que le *Planaxis rosacea* de cet auteur doit être considéré comme synonyme du *Nassa Lacepedei*.

Rapports et différences. — Comparé au *Nassa incrassata*, on distinguera le *Nassa Lacepedei :* à son galbe plus court, plus ramassé ; à ses tours à profil plus arrondi ; à son dernier tour proportionnellement plus ventru ; à ses costulations moins nombreuses, plus fortes, laissant entre elles des espaces intercostaux plus grands ; à son ouverture ornée de plis beaucoup plus nombreux et plus saillants ; à sa coloration presque toujours monochrome ; etc.

Habitat. — Rare : zone littorale ; çà et là sur les côtes de Provence.

NASSA AMBIGUA, Montagu.

Buccinum ambiguum, Montagu, 1803. *Test. Brit.*, p. 242, pl. IX, fig. 7. — Kiener, 1835. *Coq. viv.*, *Bucc.*, p. 83, pl. XXI, fig. 81.

Nassa ambigua, Reeve, 1853. *Icon. conch.*, pl. XXVIII, fig. 187. — Weinkauff, 1868. *Conch. Mittelm.*, II, p. 89. — Locard, 1886. *Prodr. malac. franç.*, p. 138.

Description. — Coquille d'un galbe ovoïde, un peu ventrue, un peu plus développée et plus acuminée en dessus qu'en dessous. — Test un peu mince, assez solide, subopaque, orné d'un double régime de costulations et de stries ; costulations longitudinales, peu nombreuses, droites ou à peine flexueuses, assez fines, un peu élevées, surtout dans le haut, subégales, à peine atténuées dans le bas, laissant entre elles un espace intercostal notablement plus grand que leur épaisseur ; stries décurrentes, fines,

(1) Kiener, 1835. *Coq. viv.*, *Bucc.*, p. 84.

profondes, régulières, très rapprochées, passant par-dessus les costulations. — Spire assez élevée, conique, un peu aiguë, composée de 6 à 7 tours à croissance un peu rapide et régulière, à profil légèrement convexe, assez renflé dans le bas, vers la suture; dernier tour sensiblement égal à sa naissance, à la moitié de sa hauteur totale, bien développé, ventru, à profil bien arrondi, atténué dans le bas. — Suture assez profonde, sommet acuminé, lisse, brillant, d'un fauve très clair. — Ouverture assez petite, bien arrondie; labre épaissi intérieurement, orné dans cette partie de 6 à 8 denticulations étroites, assez saillantes, espacées, un peu allongées et soutenu à l'extérieur par un bourrelet arrondi, très saillant; columelle très courte, arquée, ornée de rides ou plis allongés, peu nombreux, assez marqués, dont un pli basal; callum peu étendu, reliant les deux bords de l'ouverture, épaissi sur la columelle; canal court, ouvert, réfléchi, plus profond que large. — Coloration d'un fauve pâle, un peu roux, avec trois zones décurrentes étroites, discontinues, comme flammulées, d'un brun foncé, équidistantes sur le dernier tour; une seule zone de même allure sur les tours supérieurs; intérieur roux; péristome et bourrelet blanc nacré. — Opercule corné, ovalaire, fauve clair, à nucléus apical.

Dimensions. — Hauteur totale : 8 à 10 millimètres.
Diamètre maximum : 5 1/2 à 6 1/2 millimètres.

Variétés. — *Minor*. — De même galbe, mais n'atteignant pas 7 millimètres de hauteur totale.

Ventricosa. — De même taille, mais avec le dernier tour plus renflé, plus ventru.

Fulva. — De toutes tailles, d'un fauve très foncé, monochrome.

Azonata. — De toutes tailles, d'un roux clair, sans bandes colorées.

Observations. — Par son galbe, sa taille, son mode d'ornementation, le *Nassa ambigua* tend à s'éloigner considérablement des différentes formes qui font partie du groupe du *Nassa incrassata*. Il pourrait à la rigueur, constituer avec l'espèce suivante un groupe à part. Cependant quelques malacologistes ayant cru devoir le confondre avec le *Nassa incrassata*, nous l'avons maintenu dans ce même groupe, pour éviter de trop multiplier les coupes dans le genre *Nassa* proprement dit.

Plusieurs auteurs, notablement K[illegible]ner, Weinkauff et nous-même sur ces citations, avons indiqué le *Nassa ambigua* dans la Méditerranée; c'est croyons-nous, une erreur. Le véritable *Nassa ambigua* est une forme propre à la Manche et à l'Océan, et encore ne croyons-nous pas qu'elle descende bien au delà de la Loire-Inférieure. Il est très probable que cette espèce a été confondue avec l'espèce suivante, le *Nassa Jousseaumei* qui est spéciale à la Méditerranée.

Rapports et différences. — On distinguera toujours facilement le *Nassa ambigua* de toutes les espèces du groupe : à sa taille généralement plus petite ; à son galbe plus court, plus ramassé, plus ventru ; à sa spire moins haute ; à ses tours à profil non plus simplement arrondi ou convexe, mais bien convexes dans le haut et renflés dans le bas, de manière à donner lieu à une suture notablement plus profonde ; à ses costulations bien moins nombreuses, et beaucoup plus espacées ; à ses stries décurrentes aussi rapprochées, mais beaucoup plus profondes et plus marquées ; à son ouverture plus petite, plus épaissie dans la région du labre ; etc.

Habitat. — Peu commun ; zone littorale ; la Manche et l'Océan.

NASSA JOUSSEAUMEI, Locard.

Nassa incrassata (var. minor), Bucquoy, Dautzenberg et Dollfus, 1882. *Moll. Rouss.*, p. 45, pl. XI, fig. 8.
— *Jousseaumei*, Locard, 1886. *Prodr. malac. franç.*, p. 139 et 551.

Description. — Coquille de petite taille, d'un galbe subovoïde, courte et ventrue, un peu plus développée et plus acuminée en dessus qu'en dessous. — Test assez solide, un peu épais, subopaque, orné d'un double régime de costulations et de stries ; costulations longitudinales droites ou légèrement flexueuses, assez nombreuses, subégales, légèrement atténuées dans le bas, laissant entre elles des espaces intercostaux sensiblement égaux à leur épaisseur ; stries décurrentes un peu fortes, régulières, profondes, plus rapprochées que les côtes, découpant celles-ci sous forme de réticulations transversalement rectangulaires, assez saillantes. — Spire courte, conique, subaiguë, composée de 5 1/2 à 6 1/2 tours à croissance lente et régulière, à profil bien convexe ; dernier tour développé, ventru, sensiblement égal, à son extrémité, à la moitié de la hauteur totale, à profil extérieur bien arrondi, un peu atténué dans le bas. — Suture linéaire, mais assez accusée par le profil des tours. — Sommet obtus, lisse, brillant, d'un fauve très clair. — Ouverture bien arrondie ; labre épaissi à l'intérieur, et orné dans cette partie de denticulations peu nombreuses, fines, un peu allongées, plus accusées dans le bas que dans le haut, soutenu à l'extérieur par un fort bourrelet bien arrondi ; columelle très courte, arquée, ornée de rides ou plis peu nombreux, peu saillants, parfois obsolètes, dont un pli tout à fait basal; callum peu étendu, reliant les deux bords de l'ouverture, épaissi sur la columelle ; canal court, ouvert, réfléchi, plus profond que large. — Coloration d'un fauve roux, avec une zone supra-médiane, continue, étroite, d'un brun foncé, parfois maculée, et une seconde zone assez large, souvent confuse, visible à la base du dernier tour. — Opercule corné, fauve clair, ovale, à nucléus apical.

Dimensions. — Hauteur totale: 6 1/2 à 7 millimètres.
Diamètre maximum : 4 1/2 à 4 3/4 millimètres.

Variétés. — *Azonata.* — De même taille et de même galbe, mais monochrome.

Observations. — Nous devons à MM. Bucquoy, Dautzenberg et Dollfus la connaissance de cette jolie petite forme dont ils ont donné dans leur atlas une bonne photographie, mais qu'ils ont cru devoir rattacher au *Nassa incrassata* à titre de variété. Pour nous, ses caractères sont bien suffisamment tranchés pour constituer une espèce. On peut dire de cette forme qu'elle joue dans le groupe du *Nassa incrassata* le même rôle que le *Nassa Madeirensis* dans le groupe du *Nassa Ferussaci*. Nous ferons remarquer que c'est très vraisemblablement la présence de cette forme qui a fait dire à quelques auteurs que le *Nassa ambigua* vivait dans la Méditerranée.

Rapports et différences. — Comparé au *Nassa incrassata,* le *N. Jousseaumei* s'en distinguera : par sa taille toujours beaucoup plus petite; par son galbe plus court, plus ventru ; par sa spire proportionnellement moins haute ; par ses tours de spire à profil moins arrondi et par conséquent paraissant moins séparés les uns des autres; par ses costulations moins nombreuses, un peu plus espacées et moins fortement découpées par les stries décurrentes ; etc.

Rapproché du *Nassa ambigua* on le reconnaîtra : à son galbe encore plus trapu, avec le dernier tour plus obèse ; à ses tours supérieurs à profil plus régulièrement arrondi ; à ses costulations plus nombreuses, plus rapprochées ; à ses stries décurrentes en moins grand nombre, découpant plus profondément les costulations ; à sa coloration et à son ornementation ; etc.

HABITAT. — Rare ; zone des laminaires ; çà et là sur les côtes de l'Océan et de la Méditerranée.

E. — Groupe du N. PIGMÆA

Ce groupe renferme des espèces de taille assez petite, ornées, comme dans le groupe précédent, de costulations longitudinales étroites et continues, mais découpées par de véritables cordons décurrents passant par-dessus les côtes. En outre, chez ces espèces, le callum est moins développé, mais à bord mieux défini et de coloration violacée. Ces différentes formes sont plus méridionales que les précédentes.

NASSA PYGMÆA, de Lamarck.

(Pl., fig. 9)

Ranella pygmæa, De Lamarck, 1822. *Anim. sans vert.*, VII, p. 154. — 1843. 2e édit., IX, p. 550.
Buccinum tritonium, de Blainville, 1826. *Faune franç.*, p. 180, pl. VII, fig. 5.
— *asperula (pars)*, Philippi, 1836. *Enum. moll. Sic.*, I, p. 220.
Nassa pygmæa, Forbes et Hanley, 1853. *Brit. moll.*, III, p. 394, pl. CVIII, fig. 5 et 7 ; pl. LL. fig. 2. — Sowerby, 1859, *Ill. ind.*, pl. XIX, fig. 3. — Jeffreys, 1867-1869. *Brit. conch.*, IV, p. 354, pl. LXXXVIII, fig. 2. — Bucquoy, Dautzenberg et Dollfus, 1882. *Moll. Rouss.*, p. 47, pl. XI, fig. 11 à 13. — Locard, 1886. *Prodr. malac. franç.*, p. 138.
— *varicosa*, Turton. *In Zool. Journ.*, II, p. 365, pl. XIII, fig. 7. — Brown, 1845. *Ill. conch.*, 2e édit., p. 15, pl. IV, fig. 24.
Columbella pygmæa, J. Roux, 1862. *Stat. Alpes-Maritimes*, p. 413.

DESCRIPTION. — Coquille d'un galbe fusiforme un peu allongée, notablement plus conique et plus développée en dessus qu'en dessous. — Test solide, mince, subopaque, orné de côtes et de cordons ; côtes longitudinales droites ou un peu flexueuses, très nombreuses, fines, étroites, élevées, subégales, à peine atténuées dans le bas, à profil bien arrondi, laissant entre elles un espace intercostal un peu plus grand que leur épaisseur ; cordons décurrents continus plus étroits que les côtes, à profil sub-méplans, peu saillants, régulièrement espacés, séparés par des intervalles réguliers, égaux à leur propre épaisseur, passant par-dessus les côtes de manière à former à leur rencontre des saillies subgranuleuses bien régulières; le plus souvent avec des varices en nombre variable (0 à 6), irrégulièrement disposées. — Spire assez élevée, un peu aiguë, composée de 6 à 7 tours bien arrondis, à croissance lente et régulière; dernier tour bien développé, sensiblement plus petit que la moitié de la hauteur totale, à profil extérieur bien arrondi, surtout dans le bas, brusquement atténué vers le canal. — Suture linéaire bien accusée par le profil des tours. — Sommet lisse, obtus, brillant, d'un fauve très clair. — Ouverture très arrondie; labre légèrement épaissi à l'intérieur, soutenu à l'extérieur par un épais bourrelet arrondi, orné en dedans de denticulations pliciformes nombreuses, très fines, allongées, très rapprochées surtout dans le bas; columelle courte, arquée, presque lisse; callum continu, mais peu développé à l'extérieur, reliant les deux bords de l'ouverture, mince, très nettement limité dans toute son étendue; canal court, ouvert, à peine réfléchi, aussi profond que large. — Coloration d'un roux pâle, fauve clair, avec trois bandes décurrentes sur le dernier tour, un peu plus foncées, assez larges, continues, régulièrement espacées, et deux bandes plus ou moins distinctes sur les tours supérieurs; intérieur fauve clair; péristome violacé; bourrelet et varices presque blanchâtres. — Opercule corné, ovalaire, fauve clair, à nucléus apical.

Dimensions. — Hauteur totale : 10 à 11 millimètres.
Diamètre maximum : 6 1/2 à 7 millimètres.

Variétés. — *Minor*. — De même galbe, mais n'atteignant pas 10 millimètres de hauteur totale.

Ventricosa. — De même taille, mais d'un galbe plus court, avec le dernier tour plus ventru.

Elongata. — De taille assez petite, d'un galbe plus étroit, plus effilé, avec la spire plus haute, plus acuminée.

Diaphana (de Monterosato) (1). — De toutes tailles, avec le test très mince, transparent ou subtransparent.

Evaricosa (Bucq., Dautz., Dollf.) (2) — De toutes tailles, sans varices.

Fusca. — De toutes tailles, d'un fauve foncé, avec les bandes plus accusées.

Lutescens. — D'un jaune pâle avec les bandes peu marquées.

Monozonata. — Avec une seule bande infra-suturale.

Azonata. — Monochrome, sans aucunes bandes.

(1) De Monterosato, 1878. *Enum. e sinon.*, p. 43.
(2) Bucquoy, Dautzenberg et Dollfus, 1882. *Moll. Rouss.*, p. 49.

Observations. — Cette espèce, avec ses varices et ses caractères aperturaux aussi nettement tranchés, avait été dans le principe rangée par de Lamarck dans le genre *Ranella*. On ne sera donc point surpris si nous en faisons une tête de groupe distinct de celui du *Nassa incrassata*. Dans notre nouveau groupe le mode d'ornementation du test offre un caractère particulier ; ce ne sont plus, comme dans les groupes précédents, des stries décurrentes qui découpent le test ; ce sont au contraire de véritables cordons saillants, laissant entre eux un espace relativement large, et qui viennent passer sur les côtes de manière à former soit des saillies granuleuses, soit même des saillies subsquameuses, suivant la nature du profil de ces cordons.

Un tel mode d'ornementation se distingue très facilement à la loupe, lorsque les échantillons sont un peu frais. Chez le *Nassa pygmæa* il donne à la coquille un facies tout particulier qui permet de la distinguer immédiatement du *Nassa incrassata* ou de toute autre espèce de *Nassa*. Parfois même, chez certains sujets, ce cordon décurrent au lieu d'être à profil régulier, est au contraire plus saillant en haut qu'en bas ; alors, à sa rencontre avec les costulations, il paraît former une sorte de fausse imbrication parfois très nettement caractérisée.

Rapports et différences. — Après ce que nous venons de dire est-il nécessaire d'insister sur les caractères différentiels des *Nassa incrassata* et *N. pygmæa ?* On distinguera encore cette dernière espèce : à ses tours bien arrondis ; à ses côtes longitudinales plus fines, plus relevées, plus saillantes ; à son ouverture finement denticulée, avec son callum peu développé à l'extérieur, mais nettement appliqué et bien délimité sur le bord columellaire ; à son test toujours plus mince ; à sa coloration aperturale ; etc.

Habitat. — Commun ; zones littorale, des laminaires et coralligène ; en colonies assez populeuses ; sur toutes nos côtes, mais généralement plus commun dans le sud que dans le nord.

NASSA ELONGATULA, Locard.

Nassa pygmæa (var. elongata), Bucquoy, Dautzenberg et Dollfus, 1881. *Moll. Rouss.*, p. 49, pl. XI, fig. 14.
— *elongatula*, Locard, 1884. *Mss*. — 1886. *Prodr. malac. franç.*, p. 139 et 551.

Description. — Coquille d'un galbe fusiforme bien allongé, lancéolée, beaucoup plus développée et acuminée en dessus qu'en dessous. — Test mince, solide, subopaque, orné d'un double régime de côtes et de cordons; côtes longitudinales droites ou un peu flexueuses, très nombreuses, fines, étroites, élevées, subégales, à peine atténuées dans le bas, à profil bien arrondi, laissant entre elles un espace intercostal à peine un peu plus grand que leur épaisseur; cordons décurrents continus, plus étroits que les côtes, à profil méplan, peu saillants, régulièrement espacés, séparés par des intervalles réguliers, égaux ou un peu plus petits que leur épaisseur, et passant par-dessus les côtes de manière à former à leur rencontre des saillies subgranuleuses bien régulières; le plus souvent avec des varices en nombre variable (0 à 4), irrégulièrement disposées. — Spire élevée, aiguë, composée de 7 à 8 tours bien convexes, à croissance lente et régulière; dernier tour bien développé, notablement plus petit que la moitié de la hauteur totale, à profil extérieur exactement arrondi, surtout dans le bas, brusquement atténué vers le canal. — Suture linéaire, bien accusée par le profil des tours. — Sommet lisse, obtus, brillant, d'un fauve très clair. — Ouverture exactement circulaire; labre légèrement épaissi à l'intérieur, soutenu à l'extérieur par un épais bourrelet bien arrondi, orné en dedans de denticulations pliciformes nombreuses, très fines, allongées, très rapprochées, surtout dans le bas; columelle courte, arquée, presque lisse; callum continu, mais peu développé à l'extérieur, reliant les deux bords de l'ouverture, mince, mais nettement limité dans toute son étendue; canal court, ouvert, à peine réfléchi, aussi profond que large. — Coloration d'un roux pâle, ou fauve très clair, avec une ou deux bandes décurrentes continues, régulièrement espacées, étroites, de coloration plus foncée; intérieur roux clair; péristome violacé; bourrelet et varices blanchâtres. — Opercule corné, ovalaire, fauve, à nucléus apical.

Dimensions. — Hauteur totale : 13 à 15 millimètres.
Diamètre maximum : 7 à 7 1/2 millimètres.

Variétés. — *Minor.* — De même galbe, mais n'atteignant pas 12 millimètres de hauteur totale.

Depressula. — De même galbe, mais avec les tours de spire moins arrondis, simplement convexes, et la suture moins profondément accusée.

Evaricosa. — De toutes tailles, mais surtout de grande taille, sans varice.

Fusca. — D'un fauve foncé, avec les bandes peu distinctes.

Lutescens. — D'un jaune pâle, avec les bandes obsolètes.

Observations. — MM. Bucquoy, Dautzenberg et Dollfus sont les premiers qui aient signalé cette forme. Ils en ont donné une figuration exacte dans leur atlas, sous le nom de *Nassa pygmæa, var. elongata.* Nous estimons que cette forme, par la constance de ses caractères, doit être élevée au rang d'espèce. Nous avons remarqué que chez cette espèce les varices tendent à être moins nombreuses que chez l'espèce précédente. Dans une même colonie, les sujets sans varice sont notablement plus fréquents que chez le *Nassa pygmæa.*

Rapports et différences. — Le *Nassa elongatula* ne peut être rapproché que du *N. pygmæa.* On le distinguera facilement : à sa taille notablement plus grande ; à son galbe toujours beaucoup plus élancé ; pour un même diamètre maximum, la hauteur totale est toujours beaucoup plus grande ; à ses tours de spire plus nombreux, un peu moins arrondis, séparés par une suture proportionnellement moins profonde ; à ses costulations un peu plus fines, plus rapprochées, plus nombreuses ; à son dernier tour proportionnellement moins gros, quoique de même profil ; à ses varices moins nombreuses ; etc.

Habitat. — Peu commun : zone des laminaires ; l'Océan et la Méditerranée, mais plus fréquemment dans ces dernières eaux.

NASSA AFFINIS, Risso.

(Pl., fig. 10.)

Planaxis affinis, Risso, 1826. *Hist. nat. Eur. mérid.*, IV, p. 175.

Description. — Coquille d'un galbe subfusiforme, un peu renflée, notablement plus développée et plus acuminée en dessus qu'en dessous. —

Test assez épais, solide, subopaque, orné d'un double régime de côtes et de cordons ; côtes longitudinales flexueuses, fortes, assez nombreuses, un peu atténuées dans le bas, saillantes, à profil bien arrondi, rapprochées, laissant entre elles un espace intercostal notablement plus petit que leur épaisseur ; cordons décurrents assez larges, réguliers, à profil sub-méplan, passant par-dessus les côtes et formant à leur rencontre une saillie sub-rectangulaire, un peu allongée, séparée par un intervalle un peu plus petit que leur épaisseur. — Spire assez élevée, un peu aiguë, composée de 7 à 7 1/2 tours à profil largement convexe, à croissance lente et régulière ; dernier tour bien développé, sensiblement plus petit à son extrémité que la moitié de la hauteur totale, à profil extérieur arrondi dans le haut, un peu atténué dans le bas. — Suture linéaire, accusée surtout par le profil des tours. — Sommet lisse, obtus, brillant, d'un fauve très clair. — Ouverture petite, légèrement ovalaire, terminée dans le haut par un sinus large mais peu profond ; labre épaissi intérieurement et soutenu à l'extérieur par un épais bourrelet bien arrondi, orné intérieurement de denticulations pliciformes peu nombreuses, assez allongées, plus accusées dans le bas que dans le haut ; columelle courte, arquée, avec quelques plis irréguliers plus ou moins saillants, dont un pli supérieur presque toujours visible, un peu allongé, et un pli basal ; callum continu, peu développé à l'extérieur, nettement limité dans toute son étendue ; canal ouvert, réfléchi, un peu plus profond que large. — Coloration d'un roux pâle, avec trois bandes décurrentes plus foncées, assez larges, régulièrement espacées, plus ou moins bien définies, parfois obsolètes ; intérieur roussâtre ; péristome violacé ; bourrelet roux clair. — Opercule corné, ovalaire, fauve clair, à nucléus apical.

Dimensions. — Hauteur totale : 11 à 13 millimètres (1).
Diamètre maximum : 7 à 8 millimètres.

Variétés. — *Minor*. — Coquille de même galbe mais n'atteignant que 8 millimètres de hauteur totale.

Elongata. — De taille un peu plus petite, d'un galbe plus effilé.

Observations. — A plusieurs reprises, nous avons reçu cette espèce confondue soit avec des *Nassa pygmæa*, soit avec des *N. incrassata*. Un examen un peu attentif du galbe et de l'ornementation de la coquille nous

(1) Risso donne comme longueur 0,015.

avait bien vite conduit à mettre à part une telle forme, et nous nous proposions d'en faire une espèce nouvelle, lorsque recevant en communication les types du Muséum de Paris, nous avons été très agréablement surpris de retrouver cette même forme provenant de Nice, avec l'étiquette portant les noms de *Planaxis affinis*, Risso, écrite de la main même de Risso. Nous devons ajouter qu'une plume malheureuse avait transformé cette espèce en *Buccinum coccinella*, tout en respectant la spécification de son premier auteur. Nous venons donc rétablir, avec sa juste et vraie valeur, une bonne espèce de Risso dont aucun auteur n'a fait mention.

Rapports et différences. — Le *Nassa affinis* a plus d'affinités avec le *Nassa pygmæa* qu'avec le *Nassa incrassata;* c'est pour cette raison que nous l'avons inscrit dans le groupe de cette première espèce. Comparé au *Nassa pygmæa*, on le distinguera : à ses tours moins arrondis ; à ses costulations beaucoup moins nombreuses, mais plus fortes, plus arrondies, plus flexueuses ; à son ornementation constituée par des granulations rectangulaires, allongées et non pas carrées, plus ou moins arrondies sur les angles ; à son ouverture plus ovalaire ; à son labre orné de denticulations plus fortes et moins nombreuses ; etc. Rapproché du *Nassa incrassata* on le reconnaîtra : à son galbe moins allongé, plus ventru ; à ses costulations plus fortes, plus saillantes, moins nombreuses, laissant entre elles des espaces intercostaux étroits (caractère qui séparera encore notre espèce du *Nassa Lacepedei);* à son ouverture plus petite avec un callum violacé et limité comme celui du *Nassa pygmæa ;* à son dernier tour moins arrondi extérieurement ; etc.

Habitat. — Assez rare : zones littorale et coralligène ; çà et là sur les côtes de la Méditerranée : Paulilles (Pyrénées-Orientales); Agde (Hérault) ; Nice (Alpes-Maritimes) ; etc. Nous l'avons également reçu d'Alger.

NASSA EUTACTA, Locard.

(Pl., fig. 11.)

Description. — Coquille de petite taille, d'un galbe subovoïde, courte et ventrue, un peu plus développée et plus acuminée en dessus qu'en dessous. — Test assez solide, un peu mince, subopaque, orné d'un double régime de côtes et de cordons ; côtes longitudinales droites ou un peu flexueuses, très nombreuses, fines, étroites, assez élevées, subégales, à peine atténuées dans le bas, à profil bien arrondi, laissant entre elles un espace intercostal un peu plus grand que leur épaisseur ; cordons décurrents continus, plus étroits que les côtes, à profil sub-méplan, peu saillants, régulièrement espacés, séparés par des intervalles réguliers, égaux à leur propre épaisseur, passant par-dessus les côtes de manière à former à leur rencontre des saillies subgranuleuses bien régulières ; le plus souvent avec des varices en nombre variable (0 à 4), irrégulièrement disposées. — Spire courte, conique, subaiguë, composée de 5 1/2 à 6 1/2 tours à croissance lente et régulière, à profil bien arrondi ; dernier tour développé, ventru, sensiblement égal à son extrémité à la moitié de la hauteur totale, à profil extérieur exactement arrondi dans le haut, un peu atténué dans le bas. — Suture linéaire, accusée surtout par le profil des tours. — Sommet obtus, lisse, brillant, d'un fauve très clair. — Ouverture petite, légèrement ovalaire, terminée dans le haut par un sinus assez large mais peu profond ; labre légèrement épaissi à l'intérieur, soutenu à l'extérieur par un épais bourrelet arrondi, orné en dedans de denticulations pliciformes nombreuses, très fines, allongées, très rapprochées, surtout dans le bas ; columelle courte, arquée, souvent plissée, avec un pli basal bien accusé ; callum continu, assez épais, reliant les deux bords de l'ouverture, nettement limité dans toute son étendue ; canal ouvert, court, à peine réfléchi, aussi profond que large. — Coloration d'un roux pâle ou fauve clair, avec trois bandes décurrentes sur le dernier tour, un peu plus foncées, assez étroites, discontinues, régulièrement espacées, la bande infra-suturale seule continue sur les tours supérieurs ; intérieur fauve clair ; péristome violacé ; bourrelet et varices presque blanchâtres. — Opercule corné, ovalaire, fauve clair, à nucléus apical.

Dimensions. — Hauteur totale 6 1/2 à 7 millimètres.
Diamètre maximum : 4 1/2 à 4 3/4 millimètres.

Variétés. — *Unizonata*. — De même taille et de même galbe, avec une seule bande colorée, infra-suturale, continue sur tous les tours.

Azonata. — De même taille et de même galbe, monochrome.

Leucostoma. — De même taille et de même galbe avec tout le péristome d'un blanc brillant.

Observations. — Cette jolie petite espèce participe comme galbe et comme taille du *Nassa Jousseaumei*, et comme ornementation du *Nassa pygmæa*. Aussi l'avons-nous reçue ou observée dans les collections sous ces deux noms. Il importait donc de la bien distinguer définitivement. Si la théorie du croisement des espèces était démontrée expérimentalement, nous serions volontiers porté à croire que c'est là un exemple à citer. Nous proposons de le désigner sous le nom de *Nassa eutacta* (1). Sous le nom de *var. leucostoma*, nous avons signalé une variété fort intéressante, chez laquelle la taille, le galbe et l'ornementation restant exactement les mêmes que dans le type, le péristome est d'un blanc brillant à bords bien définis tout à fait analogue à celui de certains individus du *Nassa ambigua*.

Rapports et différences. — Cette espèce est très facile à distinguer. On ne peut la rapprocher que des *Nassa Jousseaumei* et *N. pygmæa*. Comparée au *N. Jousseaumei* ou à toute *var. minor* du groupe du *Nassa incrassata*, on la distinguera à son mode d'ornementation qui est exactement le même que celui du *Nassa pygmæa*. Rapprochée du *Nassa pygmæa* on la reconnaîtra : à sa taille beaucoup plus petite ; à son galbe plus court, plus ramassé ; à sa spire moins haute ; à ses tours supérieurs moins arrondis ; à son péristome plus épais ; etc.

Habitat. — Rare ; zone littorale des côtes océaniques.

F. — Groupe du N. FERUSSACI

Ce groupe, le plus grand du genre, comprend des coquilles de taille assez petite, d'un galbe un peu variable, mais caractérisées par des côtes longitudinales moins fortes et moins allongées que dans les groupes précédents, s'atténuant à la base ou sur le milieu du dernier tour. La plupart des espèces de ce groupe étaient confondues; nous reportant aux types même des auteurs qui les ont créées, nous croyons les avoir rétablies avec leurs véritables valeurs. Toutes ces espèces sont exclusivement méditerranéennes.

(1) Du grec εὔτακτος, bien ordonné.

NASSA FERUSSACI, Payraudeau.

? *Buccinum costulatum (pars)*, Renieri (*non* Brocchi), 1804. *Tav. alf. Adr.*
— *Ferussaci*, Payraudeau, 1826. *Moll. Corse*, p. 162, pl. VIII, fig. 15-16. — De Blainville, 1826. *Faune franç.*, p. 177, pl. VII, C, fig. 5.
Planaxis lineolata, Risso, 1826. *Hist. nat. Eur. mérid.*, IV, p. 173, pl. IX, fig. 136.
Buccinum elegans, O. G. Costa, 1829. *Cat. test. Sicil.*, p. LXXVIII.
— *Cuvieri (var.)*, Kiener, 1835. *Coq. viv.*, *Bucc.*, p. 77, pl. XX, fig. 75.
— *variabile*, Philippi, 1836. *Enum. moll. Sic.*, I, p. 221, pl. XII, fig. 7.
Nassa variabilis (pars), Petit de la Saussaye, 1852. *In Journ. conch.*, III, p. 199.
— *costulata (pars)*, Weinkauff, 1868. *Conch. Mittelm.*, II, p. 62. — Bucquoy, Dautzenberg et Dollfus, 1882. *Moll. Rouss.*, pl. XI, fig. 17.
— *Ferussaci*, Locard, 1886. *Prodr. malac. franç.*, p. 139.

Description. — Coquille d'un galbe lancéolé, allongée, beaucoup plus développée et acuminée en dessus qu'en dessous. — Test solide, assez épais, brillant, orné d'un double régime de costulations et de stries : costulations longitudinales droites ou légèrement flexueuses, assez nombreuses, subégales, peu saillantes, largement arrondies, atténuées dans le bas du dernier tour, laissant entre elles un espace intercostal notablement plus petit que leur épaisseur ; stries décurrentes, fines, très rapprochées, peu profondes, passant par-dessus les costulations qu'elles découpent à peine, parfois semi-obsolètes. — Spire allongée, bien aiguë composée de 6 1/2 à 7 1/2 tours à croissance assez régulière, un peu lente, à profil faiblement convexe ; dernier tour assez développé, plus petit que la moitié de la hauteur totale, arrondi dans sa partie médiane, atténué dans le bas. — Suture linéaire, un peu ondulée. — Sommet lisse, obtus, brillant, d'un fauve corné très pâle. — Ouverture ovalaire, un peu allongée, faiblement étranglée dans le haut et terminée par un sinus assez large mais peu profond ; labre un peu épaissi, orné à l'intérieur de denticulations (6 à 10) assez marquées, allongées, plus fines et plus rapprochées dans le bas que dans le haut, soutenu extérieurement par un bourrelet méplan peu épais ; columelle très courte, à peine arquée, ornée de deux ou trois plis assez saillants, dont un pli basal ; callum assez épais, assez développé, mal limité dans le haut, reliant les deux bords de l'ouverture ; canal ouvert, réfléchi, aussi large que profond. — Coloration d'un jaune clair, un peu grisâtre, avec des linéoles décurrentes d'un rouge brun, interrompues, très étroites, formant trois zones articulées de blanc et de brun, également réparties sur le dernier tour; une seule zone infra-suturale sur les tours supérieurs; intérieur jaune pâle; péristome blanc nacré. — Opercule corné, ovalaire, roux clair, à nucléus apical.

Dimensions. — Hauteur totale : 12 à 14 millimètres.
Diamètre maximum : 6 1/2 à 7 1/2 millimètres.

Variétés. — *Minor*. — De même galbe, mais ne dépassant pas 10 millimètres.

Elongata. — De même taille, mais d'un galbe plus élancé, plus effilé.

Fusca. — De coloration brunâtre, avec une bande blanche continue dans le haut de chaque tour.

Bizonata. — D'un ton clair, avec deux bandes colorées, étroites mais bien marquées, l'une à la partie supérieure des tours, l'autre au milieu du dernier tour.

Trizonata. — D'un ton clair, avec trois bandes colorées, étroites mais bien marquées, également réparties sur le dernier tour, la bande supérieure seule visible sur les tours supérieurs.

Atra (Payraudeau) (1). — Complètement brune, presque noirâtre.

Pallidula. — D'un jaune très clair, sans zones colorées.

Alba. — Complètement blanche.

Observations. — L'historique de cette espèce est assez singulier; il nous paraît impossible qu'elle n'ait pas été connue par les auteurs qui ont précédé Payraudeau, et pourtant nous n'en retrouvons pas de traces positives dans leurs écrits. C'est avec un point de doute que nous lui donnons comme synonyme le nom de *Buccinum costulatum* proposé par Renieri; ce nom comprenant certainement plusieurs espèces, notamment l'*Amycla cornicula*. Mais nous en proscrivons intentionnellement la dénomination similaire employée par Brocchi (2) qui se rapporte à une espèce fossile absolument différente, ainsi que nous nous en sommes assuré.

Certains auteurs se sont plu, comme à plaisir, à embrouiller la synonymie de cette espèce, pourtant bien exactement définie et figurée par Payraudeau, ainsi que nous avons pu le contrôler. Les uns l'ont réunie au *Nassa Cuvieri*, quoiqu'il existe cependant des différences bien marquées

(1) Payraudeau, 1826. *Moll. Corse*, p. 162.
(2) Brocchi, 1814. *Conch. foss. sub.* (édit. 1843), II, p. 121 et 486, pl. V, fig. 9.

dans le galbe et dans l'ornementation de ces deux espèces; d'autres, comme Philippi, réunissant un certain nombre de formes affines, les ont toutes englobées sous un nom unique et nouveau, approprié pour la circonstance, *Buccinum variabile* (1). En poursuivant cette étude, on reconnaîtra qu'il est bien facile de distinguer et de séparer ces différentes espèces trop souvent et trop longtemps confondues.

Rapports et différences. — Le *Nassa Ferussaci* ainsi que les autres espèces appartenant à ce même groupe, comparés aux groupes qui précédent, se distinguent : par leur galbe lancéolé, analogue à celui des formes du groupe du *Nassa reticulata*, mais alors de taille beaucoup plus petite ; par leurs costulations longitudinales beaucoup moins prononcées, passant à l'état de véritables plis, devenant souvent obsolètes dans le bas du dernier tour; par leurs stries décurrentes toujours moins saillantes, et ne découpant plus le test sous forme d'une réseau réticulé; etc.

Habitat. — Commun; en colonies assez populeuses; zone littorale; toute la Méditerranée.

NASSA MABILLEI, Locard.

Buccin d'Ascagne, de Blainville, 1826. *Faune franç.*, pl VI, D, fig. 4.
Buccinum Cuvieri (pars), Kiener, 1835. *Coq. viv.*, *Bucc.*, p. 78, pl. XX, fig. 76.
Nassa costulata (var. castanea), Bucquoy, Dautzenberg et Dollfus, 1882. *Moll. Rouss.*, pl. XI, fig. 117.

Description. — Coquille d'un galbe ovoïde, un peu courte, ventrue, à peine un peu plus développée, mais plus acuminée en dessus qu'en dessous. — Test solide, assez épais, brillant, orné d'un double régime de costulations et de stries : costulations longitudinales un peu flexueuses, assez nombreuses, subégales, peu saillantes, assez larges, à profil arrondi, atténuées à la base du dernier tour, laissant entre elles un espace intercostal notablement plus petit que leur épaisseur ; stries décurrentes fines, rapprochées, peu profondes, régulièrement espacées, passant par-dessus les costulations sans les découper profondément, parfois semi-obsolètes. — Spire courte, un peu aiguë, composée de 6 à 6 1/2 tours, à croissance lente et régulière, à profil faiblement convexe, un peu arrondi

(1) Philippi, 1836. *Enum. Moll. Sicil.*, I, p. 221.

vers la suture ; dernier tour assez développé, un peu plus grand ou sensiblement égal à la moitié de la hauteur totale, un peu ventru, arrondi dans sa partie médiane, atténué vers la base. — Suture linéaire, ondulée, assez accusée par le profil des tours. — Sommet lisse, obtus, brillant, d'un fauve corné très pâle. — Ouverture petite, légèrement ovalaire, terminée dans le haut par un sinus assez large, mais peu profond ; labre un peu épaissi en dedans, orné dans cette partie de denticulations assez marquées, un peu allongées, en nombre variable (4 à 6), plus fines et plus rapprochées en bas qu'en haut, soutenu extérieurement par un bourrelet méplan, peu saillant ; columelle très courte, faiblement arquée, ornée de deux ou trois plis peu saillants, dont un pli basal ; callum assez épais, assez développé, mal limité dans le haut, reliant les deux bords de l'ouverture ; canal ouvert, réfléchi, aussi large que profond. — Coloration d'un fond gris jaunâtre, très clair, avec des linéoles décurrentes, d'un rouge brun, interrompues, très étroites, formant trois zones articulées de blanc et de brun, équidistantes sur le dernier tour ; une seule zone semblable, infra suturale sur les tours supérieurs ; péristome et intérieur blancs. — Opercule corné, ovalaire, roux clair, à nucléus apical.

Dimensions. — Hauteur totale : 8 à 10 millimètres.
Diamètre maximum : 4 1/2 à 5 1/2 millimètres.

Variétés. — *Minor*. — Coquille de même galbe, mesurant seulement de 6 à 8 millimètres de hauteur totale.

Fusca. — D'un brun très foncé, un peu rougeâtre, monochrome, avec une bande blanche, continue, infra-suturale.

Atra. — D'un brun très foncé.

Monozonata. — Avec une seule bande étroite, infra-suturale continue sur tous les tours.

Luteola. — D'un jaune clair, avec une ou deux bandes pâles.

Alba. — Complètement blanche.

Observations. — Cette espèce observée par plusieurs auteurs a donné lieu à de singulières confusions. De Blainville, le premier, la figure dans son atlas sous le nom de Buccin d'Ascagne (1) ; mais la description qu'il en donne (2) n'a aucun rapport avec cette espèce, car il décrit en réalité

(1) De Blainville, 1826. *Faune franç.*, pl. VI, B, fig. 4.
(2) *Loc. cit.*, p. 178.

le véritable *Nassa Ascaniasi*. Kiener a parfaitement relevé cette erreur, mais il rapporte cette figuration au *Nassa Cuvieri* (1). En outre, il veut à son tour donner une figure de cette même coquille, et il représente une variété *atra* du *Nassa Ferussaci* (2). Enfin, MM. Bucquoy, Dautzenberg et Dollfus, sous le nom de *Nassa costulata var. castanea*, ont donné une bonne figuration de notre nouvelle espèce. En présence d'une telle confusion, il nous a paru convenable de donner à cette forme une appellation définitive, et nous lui avons appliqué le nom du savant naturaliste du Muséum, M. J. Mabille.

Rapports et différences. — On distinguera le *Nassa Mabillei* du *Nassa Ferussaci* : à sa taille notablement plus petite ; à son galbe plus court, plus ramassé, plus ventru ; à sa spire beaucoup moins allongée ; à ses tours moins élevés, à profil beaucoup plus convexe, un peu mieux étagés, séparé par une suture mieux marquée ; à son dernier tour proportionnellement plus développé, plus ventru et plus haut ; à ses costulations plus fortes, plus rapprochées, bien accusées jusqu'en bas des tours ; etc.

Habitat. — Peu commun ; zone littorale, çà et là sur les côtes de la Méditerranée ; nous l'avons observé notamment dans les stations suivantes : Le Roussillon (Pyrénées-Orientales) ; les environs de Marseille (Bouches-du-Rhône) ; La Seyne, Saint-Nazaire, Saint-Raphaël, Saint-Tropez (Var) ; Cannes, Nice (Alpes-Maritimes) ; etc.

NASSA FLAVIDA, de Monterosato.

Nassa costulata (var. flavida), de Monterosato, 1882. *In* Bucquoy, Dautzenberg et Dollfus, *Moll. Rouss.*, p. 56, pl. XI, fig. 26, 27.
— *flavida*, Locard, 1886. *Prodr. malac. franç.*, p. 141.

Description. — Coquille d'un galbe ovoïde, un peu allongée, légèrement ventrue, un peu plus développée et plus acuminée en dessus qu'en dessous. — Test solide, assez épais, brillant, orné d'un double régime de costulations et de stries : costulations longitudinales un peu flexueuses, nombreuses, subégales, peu saillantes, assez fines, à profil arrondi, légèrement atténuées à la base du dernier tour, laissant entre

(1) Kiener, 1835. *Coq. viv.*, *Buccin.*, p. 78.
(2) *Loc. cit.*, pl. XX, fig. 75 (et non fig. 95, comme il est dit dans le texte).

elles un espace intercostal notablement plus petit que leur épaisseur ; stries décurrentes fines, rapprochées, peu profondes, régulièrement espacées, passant par-dessus les costulations sans les découper profondément, parfois semi-obsolètes. — Spire assez courte, assez aiguë, composée de 6 à 7 tours à croissance lente et régulière, à profil presque méplan, ou à peine convexe, légèrement arrondi vers la suture ; dernier tour bien développé, un peu plus petit, ou sensiblement égal, à son extrémité, à la moitié de la hauteur totale, à profil extérieur largement arrondi, dans sa partie médiane, atténué vers la base. — Suture linéaire, ondulée, peu profonde. — Sommet lisse, obtus, brillant, d'un fauve corné très pâle. — Ouverture un peu petite, légèrement ovalaire, terminée dans le haut par un sinus assez large, mais peu profond ; labre épaissi en dedans, orné dans cette partie de denticulations assez marquées, un peu allongées, en nombre variable (4 à 6), plus fines et plus rapprochées en bas qu'en haut, soutenu extérieurement par un bourrelet méplan, peu saillant ; columelle très courte, un peu arquée, ornée de deux ou trois plis peu saillants, dont un pli basal ; callum assez épais, assez développé, mal limité dans le haut, reliant les deux bords de l'ouverture ; canal ouvert, réfléchi, aussi large que profond. — Coloration jaune pâle, uniforme, avec une bande unique, infra-suturale, étroite, marbrée de roux et de blanc, parfois avec une tache brune basale ; intérieur jaunâtre ; péristome blanc brillant. — Opercule corné, ovalaire, roux clair, à nucléus apical.

Dimensions. — Hauteur totale : 12 à 15 millimètres.
Diamètre maximum : 7 1/2 à 8 1/2 millimètres.

Variétés. — *Minor.* — De même galbe, mais de taille un peu plus petite.

Monochroma. — D'une teinte uniforme sans bande infra-suturale ni tache basale.

Observations. — Cette forme, facile à distinguer dans le groupe du *Nassa Ferussaci* et par son galbe et par sa coloration, a été très bien figurée dans l'atlas du Roussillon. M. Dautzenberg a bien voulu nous adresser quelques échantillons de taille un peu plus petite, mais que nous n'hésitons pas à rattacher par ses autres caractères à cette même espèce.

Rapports et différences. — Le *Nassa flavida* est voisin des *Nassa Ferussaci* et *N. Mabillei.* On le distinguera du *Nassa Ferussaci* : à sa taille plus forte ; à son galbe plus ovoïde, plus ventru ; à son dernier tour plus gros, plus développé, à profil extérieur plus arrondi ; à ses tour de spire à profil plus méplan, moins bien étagés les uns par-dessus les autres ; à sa spire beaucoup moins élevée et acuminée ; à son ornementation sans linéoles décurrentes ; etc.

Rapproché du *Nassa Mabillei*, on le reconnaîtra : à sa taille beaucoup plus forte ; à son galbe également ovoïde, mais peu élancé dans le haut ; à son dernier tour plus gros, plus ventru ; à ses costulations plus délicates ; à ses tours beaucoup moins nettement séparés et étagés les uns au-dessus des autres ; a son profil moins convexe, arrondi seulement dans le bas ; à sa coloration et à son ornementation ; etc.

Habitat. — Assez rare ; zone littorale, çà et là sur les côtes de la Méditerranée ; nous le connaissons dans les localités suivantes : le Roussillon (Pyrénées-Orientales) ; les environs de Marseille (Bouches-du-Rhône) ; la Seyne, Saint-Tropez (Var) ; Cannes (Alpes-Maritimes) ; etc.

NASSA CUVIERI, Payraudeau.

? *Buccinum costulatum (pars)*, Renieri, 1804. *Tav. alfab. Adriat.*

— *Cuvieri*, Payraudeau, 1826. *Moll. Corse*, p. 163, pl. VIII, fig. 17-18. — De Blainville, 1826. *Faune franç.*, p. 176, pl. VI, B, fig. 3. — Kiener, 1835. *Coq. viv.*, *Buccin.*, p. 77, pl. XX, fig. 74.

Planaxis riparia, Risso, 1826. *Hist. nat. Eur. merid.*, IV, p. 175.

Buccinum elegans (pars), O. G. Costa, 1829. *Cat. test. Sicil.*, p. LXXVIII.

— *variabile*, Philippi, 1836. *Enum. moll. Sicil.*, I, p. 221, pl. XII, fig. 6.

Nassa variabilis (pars), Petit de la Saussaye, 1852. *In Journ. conch.*, III, p. 199.

Columbella variabilis, J. Roux, 1862. *Stat. Alpes-Maritimes*, p. 413.

Nassa costulata (pars), Weinkauff, 1868. *Conch. Mittelm.*, II, p. 64. — Bucquoy, Dautzenberg et Dollfus, 1882. *Moll. Rouss.*, p. 52, pl. XI, fig. 15 et 16.

— *Cuvieri*, de Monterosato, 1878. *Enum. e sinon.*, p. 43. — Locard, 1886. *Prodr. malac. franç.*, p. 140.

Description. — Coquille d'un galbe lancéolé, allongée, beaucoup plus développée et plus acuminée en dessus qu'en dessous. — Test solide, assez épais, brillant, orné d'un double régime de costulations et de stries ; costulations pliciformes, longitudinales, presque droites, assez nombreuses, subégales, un peu saillantes, arrondies, bien accusées sur les premiers tours (sauf les tours embryonnaires), très atténuées sur le dernier, à partir de la région médiane, laissant entre elles des espaces intercostaux, sensiblement plus petits que leur épaisseur ; stries décurrentes très fines, rapprochées, peu profondes, visibles surtout dans les espaces intercostaux, à peine indiquées sur le dernier tour. — Spire allongée, aiguë, composée de 6 1/2 à 7 1/2 tours, à croissance assez régulière, un peu lente, à profil faiblement convexe ; dernier tour assez développé, plus petit que la moitié de la hauteur totale, arrondi dans sa partie médiane, atténué vers la base. — Suture linéaire, un peu ondulée. — Sommet lisse, brillant, obtus, d'un fauve corné pâle. — Ouverture légèrement ovalaire, un peu allongée, faiblement étranglée dans le haut, terminée dans cette partie par un sinus large et peu profond ; labre légèrement épaissi à l'intérieur, orné dans cette partie de denticulations assez marquées, allongées, en nombre variable (6 à 10), plus fines et plus rapprochées en bas qu'en haut, soutenu à l'extérieur par un bourrelet méplan peu saillant; columelle courte, faiblement arquée, ornée de un ou deux plis peu saillants, dont un pli basal ; callum mince, assez développé, mais mal limité dans le haut, reliant les deux bords de l'ouverture ; canal ouvert, réfléchi, un peu plus profond que large. — Coloration d'un fauve jaunâtre très clair, parfois cendré, avec trois zones décurrentes composées de linéoles rouges ou brunes, discontinues, également réparties sur le dernier tour, et une zone infra-suturale mieux marquée, un peu étroite, d'un brun foncé ou rougeâtre, maculée de roux et de blanc, visible sur les autres tours ; intérieur fauve clair; péristome blanc nacré. — Opercule corné, ovalaire, fauve, à nucléus apical.

Dimensions. — Hauteur totale : 8 à 10 millimètres.
Diamètre maximum : 4 1/2 à 5 millimètres.

Variétés. — *Minor*. — De même galbe, mais n'atteignant pas 8 millimètres de hauteur totale.

Ventricosa. — De même taille, mais d'un galbe plus ventru, avec le dernier tour plus renflé.

Varicosa. — Avec une ou plusieurs varices blanches, peu saillantes.

Bizonata. — Les deux zones supérieures du dernier tour seules visibles, avec la zone supérieure continue en dessus.

Maculata. — Avec une quatrième zone tout à fait basale, formant tache en dedans et en dehors de l'ouverture.

Fusca. — Complètement brune, avec la zone supérieure à peine distincte.

Pallidula. — D'un jaune pâle, avec une ou deux zones peu marquées.

Albida. — Complètement blanche.

Observations. — La plupart des auteurs ont cru devoir réunir cette espèce au *Nassa Ferussaci*, malgré les différences très bien indiquées par Payraudeau. Après bien des recherches, nous ne voyons pas parmi la série des *Planaxis* de Risso quel est celui qui peut être identifié à l'espèce qui nous occupe. Cependant, sur un carton de la collection du Muséum de Paris, portant l'étiquette de *Planaxis riparia*, de Nice, écrite de la main de Risso, nous trouvons deux échantillons qui correspondent à notre *var. minor*, quoique d'un galbe un peu plus effilé. Il est vrai de dire que le troisième échantillon est un véritable *Nassa Ferussaci.*

Rapports et différences. — On distinguera le *Nassa Cuvieri* du *Nassa Ferussaci :* à sa taille généralement un peu plus petite, avec un galbe un peu moins allongé ; à son dernier tour plus arrondi ; surtout à son mode d'ornementation, avec ses costulations et ses stries ne descendant jamais au-dessous du milieu du dernier tour ; à ses tours supérieurs, dont les costulations sont proportionnellement plus grosses et plus rapprochées ; enfin à sa coloration.

Habitat. — Assez commun ; zone littorale ; toutes les côtes de la Méditerranée.

NASSA UNIFASCIATA, Kiener.

Buccinum unifasciatum, Kiener, 1835. *Coq. viv.*, *Buccin.*, p. 76, pl. XIV, fig. 50.
— *variabile (var. α)*, Philippi, 1836. *Enum. moll. Sic.*, I, p. 221, pl. XII, fig. 1
Nassa variabilis, Reeve, 1853. *Icon. conch.*, pl. XIX, fig. 129.
— *encaustica*, Brusina, 1869. *In Journ. conch.*, XVII, p. 233. — Locard, 1886. *Prodr. malac. franç.*, p. 140.
— *Cuvieri (var. encaustica)*, de Monterosato, 1875. *Nuova rivista*, p. 41.
— *costulata (var. encaustica)*, Bucquoy, Dautzenberg et Dollfus, 1882. *Moll. Rouss.*, p. 54, fig. 20, 21.
— *subcostulata*, Locard, 1886. *Prodr. malac. franç.*, p. 142 et 553.
— *unifasciata*, Brusina, 1886. *Mss.*

Description. — Coquille de taille assez forte, d'un galbe lancéolé, bien allongée, beaucoup plus développée et acuminée en dessus qu'en dessous. — Test solide, assez épais, brillant, orné d'un double régime de plis et de stries : plis longitudinaux droits ou très légèrement flexueux, bien marqués sur les premiers tours, très atténués sur le dernier tour, à partir de la moitié de ce tour, souvent plus prononcés vers la suture que vers la base des autres tours, assez forts, réguliers, subégaux, très rapprochés, laissant entre eux un espace plus petit que leur épaisseur ; stries décurrentes très fines, rapprochées, régulières, très peu profondes, passant par-dessus les plis, visibles sur tous les tours, parfois un peu obsolètes vers le milieu du dernier tour. — Spire allongée, aiguë, composée de 6 à 7 tours à croissance lente et régulière, à profil un peu convexe ; dernier tour assez développé, mais notablement plus petit que la moitié de la hauteur totale, à profil extérieur arrondi, bien atténué dans le bas. — Suture linéaire ondulée, accusée par le profil costulé des tours à leur partie supérieure. — Sommet lisse, obtus, brillant, d'un fauve corné très pâle. — Ouverture un peu allongée, bien arrondie dans le bas, terminée dans le haut sous forme d'un sinus large et peu profond ; labre légèrement épaissi à l'intérieur et soutenu à l'extérieur par un bourrelet méplan peu saillant, orné intérieurement de nombreuses denticulations pliciformes allongées, un peu irrégulière, fines, plus rapprochées dans le bas que dans le haut ; columelle faiblement arquée, ornée de quelques plis peu nombreux, peu saillants, assez profonds, dont un pli basal ; callum un peu mince, reliant les bords de l'ouverture, un peu épaissi sur la columelle, à contour mal défini dans le haut ; canal couvert, réfléchi, plus profond que large. — Coloration d'un jaune pâle, un peu fauve, avec quelques petites linéoles décurrentes rouge brun, très étroites, interrompues, obsolètes, et une bande brune mince, continue, supra-suturale, visible sur le milieu du dernier tour ; intérieur fauve pâle ; péristome blanc nacré. — Opercule corné, ovalaire, roux clair, à nucléus apical.

Dimensions. — Hauteur totale : 16 à 18 millimètres.
Hauteur maximum : 8 à 9 millimètres.

Variétés. — *Minor*. — De même galbe, mesurant seulement de 14 à 16 millimètres de hauteur totale (1).

Subcostulata. — De grande taille, atteignant de 18 à 20 millimètres de hauteur totale, avec les premiers tours seuls costulés ou plissés, le dernier tour lisse, et sans zone colorée.

Ventricosa. — De même taille, ou de taille un peu plus petite, d'un galbe plus ventru dans le haut du dernier tour.

Luteola (Kiener) (2). — D'un jaune-paille, avec ou sans bande.

(1) On remarque que M. Brusina assigne 20 millimètres à son type du *Nassa encaustica*. On ne trouve que très rarement en France des sujets aussi grands.

(2) Kiener, 1835. *Coq. viv.*, *Bucc.*, p. 77.

Azonata (Kiener). — Sans aucune bande, avec quelques linéoles obsolètes.

Bizonata. — Avec une seconde bande infra-suturale, discontinue, de teinte plus claire, maculée de blanc.

Observations. — Cette belle espèce, la plus grande du groupe, a été décrite pour la première fois par Kiener. Dans une lettre, qu'il nous a récemment adressée, M. Brusina reconnaît lui-même qu'il convient de faire rentrer son *Nassa encaustica* parmi les synonymes de cette espèce.

Dans notre *Prodrome*, sous le nom de *Nassa subcostulata*, nous avons décrit une forme de grande taille qui nous paraissait se rattacher par son galbe et par son ornementation au groupe du *Nassa semistriata*. Une étude plus complète de cette coquille nous a conduit à supprimer cette espèce pour en faire une *var. subcostulata* du *Nassa unifasciata*. En effet, nous trouvons dans cette forme des caractères aperturaux, qui ont une grande analogie avec les espèces du groupe qui nous occupe, tandis que nous laisserons dans le groupe du *Nassa semistriata* les formes à péristome simple, tranchant, sans bourrelet extérieur. Or, notre *Nassa subcostulata* est précisément muni d'un bourrelet peu saillant mais très large, et les denticulations qui ornent l'intérieur du labre ont plus d'analogie avec celles du *Nassa unifasciata*, qu'avec celles du *Nassa semistriata*. Mais il est à remarquer que nous n'avons pas encore rencontré sur les côtes de France d'individus d'aussi forte taille avec la zone colorée qui caractérise le type créé par Kiener.

Rapports et différences. — Le *Nassa unifasciata* se distinguera des espèces que nous venons de signaler dans ce même groupe : par sa taille plus forte ; par son galbe plus allongé, plus lancéolé ; par ses costulations réduites à de véritable plis froncés en dessus de la suture, et qui ne sont réellement continus que sur deux ou trois des tours supérieurs seulement ; par ses stries décurrentes plus marquées, plus souvent accusées même sur le dernier tour ; par son ouverture un peu plus allongée ; par son labre orné intérieurement de plis beaucoup plus nombreux ; par son ornementation ; etc.

Habitat. — Peu commun ; zone littorale, çà et là, sur les côtes de la Méditerranée ; nous le connaissons dans les stations suivantes : le Roussillon (Pyrénées-Orientales); les environs de Marseille (Bouches-du-

Rhône) ; la Seyne, Saint-Nazaire, Toulon, Porquerolles (Var) ; Cannes, Antibes, Nice (Alpes-Maritimes) ; etc.

NASSA GUERNEI, Locard.

Nassa costulata (var. lanceolata et pulcherrima), Bucquoy, Dautzenberg et Dollfus, 1882 *Moll. Rouss.*, p. 55, pl. XI, fig. 34 à 36.
— *Guernei*, Locard, 1883. *Mss.* — 1886. *Prodr. malac. franç.*, p. 140 et 562.

Description. — Coquille d'assez grande taille, d'un galbe fusiforme très allongé, bien effilée, beaucoup plus développée et acuminée en dessus qu'en dessous. — Test solide, un peu épais, subopaque, très brillant, orné d'un double régime de plis et de stries ; plis longitudinaux droits ou très légèrement flexueux, bien marqués sur les premiers tours, localisés vers la suture sur le dernier, assez forts, réguliers, subégaux, laissant entre eux des espaces un peu plus petits que leur épaisseur ; stries décurrentes un peu fines, assez profondes, régulièrement espacées, visibles sur tous les tours. — Spire très allongée, bien aiguë, composé de 8 à 8 1/2 tours à croissance lente et régulière, à profil presque méplan ; dernier tour bien développé, notablement plus petit à son extrémité que la moitié de la hauteur totale, à profil extérieur arrondi dans le milieu, bien atténué dans le bas. — Suture linéaire ondulée, accusée par le profil costulé des tours. — Sommet lisse, obtus, brillant, fauve très clair. — Ouverture ovalaire, allongée, terminée dans le haut par un sinus large et peu profond ; labre légèrement épaissi à l'intérieur, soutenu à l'extérieur par un bourrelet peu épais, méplan, orné intérieurement des plis très nombreux, fins, allongés, assez réguliers, plus rapprochés en bas qu'en haut ; columelle faiblement arquée, presque lisse, avec deux ou trois plis très obsolètes, dont un pli basal un peu mieux accusé ; callum mince, reliant les deux bords de l'ouverture, épaissi vers la columelle, à bord confus dans le haut ; canal ouvert, réfléchi, plus profond que large. — Coloration d'un fauve cendré pâle, avec des linéoles décurrentes rouge brun, très étroites, discontinues, assez nombreuses, plus ou moins groupées par zones, visibles sur tous les tours ; une bande infra-suturale, plus foncée, étroite, discontinue, maculée de blanc ; intérieur roux clair ; péristome blanc nacré. — Opercule corné, ovalaire, brun pâle, à nucléus apical.

Dimensions. — Hauteur totale : 14 à 16 millimètres.
Diamètre maximum : 6 à 7 millimètres.

Variétés. — *Varicosa.* — De même galbe avec une ou deux varices.

Fusca. — De couleur brune, ferrugineuse, avec le péristome plus clair et la bande infra-suturale presque noire.

Observations. — Lorsque nous avons donné dans notre *Prodrome* (1) une description sommaire de cette espèce, nous lui avions adjoint quelques formes du *Nassa encaustica ;* de là, la différence que l'on observera dans les dimensions que nous assignons à cette espèce.

Il faut très probablement rapporter à notre espèce, sous le titre de *var. diaphana*, les variétés *lanceolata* et *pulcherrima* du *Nassa costulata* de MM. Bucquoy, Dautzenberg et Dollfus, trouvées dans les éponges. Comme galbe et comme allure, les trois coquilles dont ils donnent les photographies ont en effet une grande analogie avec notre espèce ; mais le type cependant est encore un peu plus effilé, et la croissance des tours est plus régulière.

Rapports et différences. — Le *Nassa Guernei* ne peut-être rapproché que du *Nassa unifasciata ;* on le distinguera toujours facilement : à son galbe beaucoup plus étroit, plus allongé, plus fusiforme ; à sa spire plus haute, plus effilée ; à son dernier tour moins développé, moins ventru ; à son ouverture plus ovalaire ; à son labre encore plus fortement plissé, avec des plis plus accusés et plus nombreux ; à ses stries décurrentes plus nombreuses, plus profondes ; à son ornementation ; etc.

Habitat. — Rare ; zone littorale et des laminaires ; çà et là, sur les côtes de Provence ; la Seyne, Saint-Nazaire (Var) ; Cannes, Antibes (Alpes-Maritimes) ; etc.

NASSA BUCQUOYI, Locard.

Nassa costulata, Weinkauff, 1868. *Conch. Mittelm.*, II, p. 64.
— *costulata (var. Madeirensis)*, Bucquoy, Dautzenberg et Dollfus, 1882. *Moll. Rouss.* p. 54, pl. XI, fig. 22, 23.
— *Madeirensis*, Locard, 1886. *Prodr. malac. franç.*, p. 140 *(non* Reeve).

Description. — Coquille de petite taille, d'un galbe lancéolé, courte, ramassée, trapue, à peine plus développée et plus acuminée en dessus qu'en dessous. — Test solide, assez épais, brillant, subopaque, orné d'un

(1) A. Locard, 1886. *Prodr. malac. franc.*, p. 552.

double régime de costulations et de stries : costulations pliciformes longitudinales, droites ou légèrement flexueuses, assez nombreuses, un peu fortes, subégales, à profil arrondi, atténuées à la base du dernier tour, laissant entre elles un espace intercostal un peu plus petit que leur épaisseur; stries décurrentes très fines, très peu profondes, souvent obsolètes, assez rapprochées, passant par-dessus les costulations. — Spire courte, subaiguë, composée de 6 à 6 1/2 tours à croissance très lente et très régulière, à profil faiblement convexe; dernier tour assez développé, sensiblement égal, à son extrémité, à la moitié de la hauteur totale, à profil extérieur bien arrondi dans le milieu, atténué dans le bas. — Suture linéaire ondulée. — Sommet lisse, obtus, brillant, d'un corné pâle. — Ouverture petite, bien arrondie, terminée dans le haut par un canal court et étroit ; labre faiblement épaissi à l'intérieur et soutenu à l'extérieur par un bourrelet aplati, peu saillant, orné en dedans de denticulations pliciformes peu nombreuses, assez saillantes, plus rapprochées en bas qu'en haut ; columelle courte, un peu arquée, ornée de deux ou trois plis peu saillants, assez profonds, souvent obsolètes, dont un pli basal mieux marqué ; callum mince, reliant les deux bords de l'ouverture, épaissi dans le bas, à bord supérieur mal défini; canal ouvert, réfléchi, aussi large que profond. — Coloration d'un fauve jaunâtre un peu clair, parfois cendré, avec trois zones décurrentes composées de linéoles rougeâtres ou brunes, étroites, discontinues, également réparties sur le dernier tour, et une seule zone infra-suturale plus foncée, mieux accusée, visible sur tous les tours, souvent maculée de roux ou de blanc ; intérieur roux clair ; péristome blanc nacré. — Opercule petit, corné, fauve clair, ovalaire, à nucléus apical.

Dimensions. — Hauteur totale : 7 à 9 millimètres.
Diamètre maximum : 5 1/2 à 6 millimètres.

Variétés. — *Minor*. — De même galbe ou d'un galbe encore plus ventru, ne dépassant pas de 6 à 7 millimètres de hauteur totale.

Varicosa. — De même galbe, avec une ou deux varices peu saillantes.

Monozonata. — Avec une seule zone décurrente infra-suturale, et quelques rares linéoles sur le dernier tour.

Maculata. — Comme le type, mais avec une tache brune à la base de l'ouverture, visible en dedans et en dehors.

Fusca. — De coloration brune foncée, ferrugineuse.

Pallida. — D'un jaune très pâle, avec les zones décurrentes peu marquées.

Albida. — Complètement blanche.

Observations. — MM. Bucquoy, Dautzenberg et Dollfus, sous le nom de *Nassa costulata var. Madeirensis*, ont figuré et décrit une jolie petite forme que nous avons inscrite dans notre *Prodrome* sous le nom de *Nassa Madeirensis* Reeve (1), ramenant ainsi la variété au rang d'espèce. Mais depuis lors, nous avons pu comparer des échantillons du Roussillon, qui nous ont été gracieusement offerts par M. le Dr Bucquoy, avec le véritable *Nassa Madeirensis* des îles Madère, et nous avons acquis la conviction qu'il y avait lieu de distinguer ces deux formes comme deux espèces bien différentes. Il suffit, du reste, pour s'en rendre compte de comparer les photographies de l'atlas des auteurs des *Mollusques du Roussillon* avec la figuration donnée par Reeve qui est très suffisamment exacte. Nous désignerons donc désormais cette forme méditerranéenne sous le nom de *Nassa Bucquoyi*.

Rapports et différences. — On ne peut rapprocher le *Nassa Bucquoyi* que du *Nassa Cuvieri;* on le distinguera facilement : à sa taille notablement plus petite ; à son galbe plus court, plus ramassé, plus ventru ; à sa spire moins haute, moins acuminée ; à son dernier tour plus arrondi, plus ventru ; à ses costulations plus fortes, plus espacées ; à son ouverture plus arrondie ; etc.

Comparé au véritable *Nassa Madeirensis* de Madère, on reconnaîtra le *Nassa Bucquoyi :* à sa taille plus petite ; à son galbe plus court, plus renflé ; à son dernier tour proportionnellement plus développé ; à sa spire moins acuminée ; à ses costulations un peu plus accusées dans le haut de chaque tour ; etc.

Habitat. — Peu commun ; zone littorale ; en colonies assez populeuses ; çà et là sur les côtes de la Méditerranée.

(1) Reeve, 1854. *Icon. conch.*, pl. XXVII, fig. 182.

NASSA EDWARDSI, Fischer.

Nassa Edwardsi, Fischer, 1882. *In Journ. conch.*, XXX, p. 50.

Observations. — Nous ne connaissons encore cette espèce que par la courte diagnose qu'en a donnée son auteur, diagnose que nous allons reproduire :

Diagnose. — « *Testa lutescente-carneola, apice obtusa ; anfractus* 6 *ad suturas subcanaliculati, sulcis spiralibus æquidistantibus (in medio anfractus ultimi semper conspicuis) ornati; labrum extus incrassatum, intus plicatum.* »

Dimensions. — Longueur totale : 11 millimètres.
Diamètre maximum : 6 millimètres.

Habitat. — Entre 680 et 2660 mètres; côtes de Provence, et entre Nice et la Corse.

G. — Groupe du N. GRANIFORMIS

Ce groupe renferme une seule espèce bien caractérisée par son test complètement lisse et brillant, et par sa petite taille ; cette espèce ne se trouve que dans la Méditerranée.

NASSA GRANIFORMIS, de Lamarck.

Buccinum granum, de Lamarck, 1822. *Anim. sans vert.*, VII, p. 274. — Kiener, 1835. *Coq. viv.*, *Bucc.*, p. 22, pl. XVI, fig. 58.
— *grana*, de Lamarck, 1844. *Anim. sans vert.*, 2e édit., X, p. 176.
Nassa grana, Chenu, 1859. *Manuel conch.*, I, p. 169, fig. 768.
— *granum*, Weinkauff, 1868. *Conch. mittelm.*, II, p. 59. — Bucquoy, Dautzenberg et Dollfus, 1882. *Moll. Rouss.*, p. 44, pl. XI, fig. 1 et 2.
— *graniformis*, Locard, 1886. *Prodr. malac. franç.*, p. 141 *(note)*.

Description. — Coquille de taille assez petite, d'un galbe ovoïde un peu allongé, presque aussi développée en dessus qu'en dessous. — Test solide, épais, brillant, subopaque, sans côtes ni stries. — Spire peu haute, conique, subaiguë, composée de 5 à 6 tours à croissance assez rapide et régulière, à profil très légèrement convexe, à peine séparés ; dernier tour très développé, notablement plus grand à son extrémité que la moitié de la hauteur totale, à profil extérieur arrondi dans le haut, puis longuement atténué dans le bas. — Suture superficielle, à peine marquée. — Sommet lisse, obtus, brillant, d'un blanc roux. — Ouverture ovalaire, allongée, terminée dans le haut par un sinus étroit assez long ; labre non épaissi intérieurement, bordé à l'extérieur par un large bourrelet méplan, orné à l'intérieur de nombreux plis très fins, très rapprochés, très allongés, presque aussi accusés en haut qu'en bas; columelle un peu allongée, à peine arquée, ornée de quelques plis peu saillants dont un pli basal ; callum mince, reliant les deux bords de l'ouverture, très étendu, à bords mal définis, couvrant une grande partie de la face aperturale. — Coloration d'un blanc jaunâtre avec des linéoles décurrentes d'un brun rouge, très minces, interrompues, formant par leur réunion trois zones plus larges, également réparties sur le dernier tour ; la zone supérieure plus ou moins continue sur les tours supérieurs, maculée de tâches brunes et blanches ; intérieur blanchâtre; péristome blanc, nacré. — Opercule corné, un peu allongé, roux clair, à nucléus apical.

Dimensions. — Hauteur totale : 10 à 12 millimètres.
Diamètre maximum : 6 à 7 millimètres.

Variétés. — *Obesa*. — De même taille ou de taille un peu plus petite, d'un galbe plus court, plus ventru.

Pallida. — D'un ton plus pâle, avec des linéoles à peine marquées.

Observations. — Cette forme bien typique paraît sujette à très peu de variations ; nous n'avons pas rencontré, sur les côtes de France, la *var. minor* que l'on trouve parfois dans les eaux un peu saumâtres des côtes d'Algérie.

Comme on a pu le voir dans notre synonymie, voilà une espèce appelée *Buccinum granum* et même *Buccinum grana ;* pareille désignation est bien peu correcte, et ne saurait être conservée dans une bonne nomenclature. Tout en rappelant la dénomination spécifique créée par de Lamarck, nous estimons qu'il convient de dire plus correctement *Nassa graniformis*.

Rapports et différences. — Par son galbe et par son ornementation, le *Nassa graniformis* constitue une forme tellement caractérisée que

MM. H. et A. Adams (1) l'avaient pris pour type de leur sous-genre *Naytia*. Il ne nous paraît donc pas nécessaire d'insister davantage sur ses caractères différentiels.

Habitat. — Peu commun ; zone des laminaires ; toutes les côtes de la Méditerranée.

H. — Groupe du N. SEMISTRIATA

Dans ce dernier groupe, nous avons réuni des espèces de taille moyenne, chez lesquelles les côtes longitudinales disparaissent, tandis que les stries décurrentes seules subsistent en partie. C'est donc encore un groupe naturel facile à distinguer. Le type de ce groupe est une espèce à la fois fossile et vivante, le *Nassa semistriata* de Brocchi. Ces formes vivent dans la partie sud de l'Océan et plus rarement dans la Méditerranée.

NASSA SEMISTRIATA, Brocchi.

(Pl. fig. 12.)

Buccinum semistriatum, Brocchi, 1815. *Conch. fos. Subapen.*, p. 651, pl. XV, fig. 25.
Nassa semistriata, Forbes, 1844. *Rep. Æg. invert.*, p. 140, Aradas et Benoit, 1870. *Conch. viv. mar. Sicil.*, pl. V, fig. 14. — Bellardi, 1883. *In Mem. accad. Torino.*, p. 361, pl. IX, fig. 14. — Locard, 1886. *Prodr. malac. franç.*, p. 141 et 553.

Description. — Coquille d'un galbe ovoïde, un peu allongé, un peu plus développée et acuminée en dessus qu'en dessous. — Test solide, épais, subopaque, peu brillant, orné longitudinalement par des stries d'accroissement assez accusées, un peu flexueuses, et transversalement par des stries décurrentes, fines, peu profondes, assez régulièrement espacées, un peu rapprochées, devenant obsolètes sur le milieu du dernier tour. — Spire assez allongée, subaiguë, composée de 6 1/2 à 7 1/2 tours un peu étagés, légèrement convexes, à croissance lente et régulière ; dernier tour bien développé, sensiblement égal, à sa naissance, à la moitié de la hauteur totale, à profil extérieur largement convexe. — Suture linéaire peu profonde, marquée par le profil des tours. — Sommet lisse, obtus,

(1) H. et A. Adams, 1858, *Gen. rec. moll.*, p. 118.

brillant, d'un corné très pâle. — Ouverture ovalaire bien allongée, sans sinus supérieur bien défini, un peu arrondie dans le bas ; labre tranchant, orné à l'intérieur de plis très fins, très nombreux, très effilés ; columelle un peu allongée, presque droite, avec deux ou trois plis courts à la base sur le bord externe, et un pli basal plus allongé; callum assez épais, assez développé, reliant les deux bords de l'ouverture, à bords nettement limités ; canal très court, ouvert, réfléchi, plus large que profond. — Coloration d'un corné grisâtre, avec quelques flammules plus foncées, mal définies ; intérieur corné clair ; péristome blanc brillant. — Opercule petit, corné, fauve, ovalaire, à nucléus apical.

Dimensions. — Hauteur totale : 16 à 18 millimètres.
Diamètre maximum : 7 1/2 à 8 1/2 millimètres.

Variétés. — *Curta*. — De même taille ou de taille un peu plus petite, d'un galbe un peu plus court, plus ventru au dernier tour (1).

Costulata. — De même taille, ou de taille plus petite, avec quelques costulations sur les premiers tours qui suivent les tours embryonnaires (2).

Cornea. — De même galbe, d'un ton corné pâle, un peu transparent.

Observations. — Après avoir comparé nos formes vivantes avec de bons types fossiles du Modenais, nous devons reconnaître qu'il ne saurait y avoir de différences sérieuses entre ces deux types. La forme vivante, dans son ensemble, est peut-être de taille un peu plus petite, avec la spire un peu moins effilée ; mais ce sont là sans doute de simples influences dues à la nature des milieux, surtout si l'on tient compte que la comparaison a été établie entre des coquilles vivantes de l'Océan et des fossiles d'Italie. Nous avons donné la figuration de la forme océanique qui nous paraît la plus commune.

Rapports et différences. — Par son test dépourvu de côtes longitudinales ou de plis, comme par son galbe, le *Nassa semistriata* ne peut être rapproché d'aucune des formes que nous venons d'étudier jusqu'à présent.

Habitat. — Peu commun : zone des laminaires et coralligène ; les côtes de l'Océan ; plus rare dans la Méditerranée.

(1) C'est plus particulièrement cette forme que l'on trouve à l'état fossile; nous en voyons de bonnes figurations dans les planches de MM. Aradas et Benoit, et de M. Bellardi. Le dessin donné par Brocchi représente une forme plus ventrue, et ne nous paraît pas très exact.

(2) C'est la *var.* B citée par M. Bellardi *(Loc. cit.*, p. 363).

NASSA GALLANDIANA, Fischer.

Nassa Gallandiana, Fischer, 1862. *In Journ. conch.*, X, p. 37. — 1863. *Loc. cit.*, XI, p. 82, pl. II, fig. 6. — Locard, 1886. *Prodr. malac. franç.*, p. 142 et 553.
— *trifasciata*, Fischer, 1869. *In Actes soc. Lin. Bord.*, XXVII, p. 140.

Description. — Coquille d'un galbe ovoïde bien allongé, beaucoup plus développée et acuminée en dessus qu'en dessous. — Test solide, épais, subopaque, peu brillant, orné longitudinalement de stries d'accroissement peu nombreuses, peu marquées, un peu onduleuses, et transversalement de stries décurrentes ainsi réparties : à la partie supérieure des tours, quelques stries dont une seule bien accusée, bien nette, assez profonde, continue ; à la base du dernier tour, des stries nombreuses, rapprochées, assez profondes, bien accusées. — Spire allongée, aiguë, composée de 7 1/2 à 8 1/2 tours peu étagés, à profil légèrement convexe, à croissance lente et régulière ; dernier tour bien développé, notablement plus petit à son extrémité que la moitié de la hauteur totale, à profil extérieur largement convexe. — Suture linéaire, peu profonde. — Sommet lisse, obtus, brillant, d'un fauve roux clair. — Ouverture assez petite, ovalaire, un peu allongée, faiblement étranglée dans le haut, mais sans sinus, arrondie dans le bas ; labre tranchant, orné intérieurement de plis fins, très nombreux, réguliers, bien allongés ; columelle courte, un peu arquée, bordée d'un pli basal ; callum mince, peu développé, reliant les deux bords de l'ouverture, à bords nettement limités ; canal ouvert, court, réfléchi, plus large que profond. — Coloration d'un jaune pâle, avec des zones décurrentes discontinues, brunes, maculées de quelques taches subquadrangulaires ; intérieur roux très clair ; péristome blanc un peu jaunâtre, nacré. — Opercule corné, ovalaire, fauve clair, à nucléus apical.

Dimensions. — Hauteur totale : 16 à 18 millimètres.
Diamètre maximum : 7 à 7 1/4 millimètres.

Variété. — *Monochroma*. — D'un ton jaunâtre, monochrome, sans zones décurrentes.

Albida. — De coloration presque complètement blanche.

Observations. — M. le Dr Fischer, après avoir décrit soigneusement cette espèce, a cru devoir postérieurement l'identifier au *Nassa trifasciata* d'Adams (1) : après une étude attentive de ces deux formes, nous croyons qu'il y a tout lieu de les maintenir toutes les deux. Nous ajouterons que nous n'avons pas encore observé le véritable *Nassa trifasciata* sur les côtes de France.

Rapports et différences. — On distinguera le *Nassa Gallandiana* du *N. semistriata :* à son galbe notablement plus allongé, plus effilé, à sa spire plus haute, plus aiguë ; à son ouverture moins elliptique, moins étranglée dans le haut, et tout aussi arrondie dans le bas ; à ses stries ornementales différemment réparties ; etc.

Comparé au *Nassa trifasciata*, « qui habite dans les mêmes parages (baie de Vigo), dit M. le Dr Fischer (2), il s'en distinguera : par sa forme beaucoup plus élancée, son dernier tour à peine ventru, sa spire plus longue, sa coloration, etc. »

Habitat. — Rare ; zone des laminaires et coralligène ; le golfe de Gascogne.

NASSA OVOIDEA, Locard.

(Pl. fig. 13.)

Nassa ovoidea, Locard, 1883. *Mss.* — 1886. *Prodr. malac. franç.*, p. 142 et 553.

Description. — Coquille d'un galbe ovoïde régulier, un peu ventrue, presque aussi développée, mais un peu plus acuminée en dessus qu'en dessous. — Test solide, épais, subopaque, peu brillant, orné de stries longitudinales d'accroissement, peu accusées, légèrement flexueuses, et de stries concentriques ainsi réparties : une strie infra-suturale profonde, bien marquée, continue, sur tous les tours ; stries assez nombreuses, peu accusées, peu profondes, sur les deux ou trois tours qui suivent les tours embryonnaires ; quelques stries régulièrement espacées, de plus en plus fortes, à la base du dernier tour. — Spire un peu acuminée, assez aiguë, composée de 6 1/2 à 7 1/2 tours croissant lentement et régulière-

(1) A. Adams, 1851. *In Proceed. zool. soc.*, p. 113.
(2) P. Fischer, 1862. *In Journ. conch.*, p. 38.

ment, à profil convexe, un peu étagés les uns au-dessus des autres ; dernier tour bien développé, à peine un peu plus petit à son extrémité que la moitié de la hauteur totale, à profil extérieur largement convexe, un peu ventru dans le milieu. — Suture linéaire, peu profonde, mais bien accusée par la superposition des tours. — Sommet lisse, obtus, brillant, d'un corné clair. — Ouverture ovalaire, un peu allongée, rétrécie dans le haut, mais sans sinus, arrondie dans le bas ; labre tranchant, orné à l'intérieur de plis très fins, très nombreux, très allongés ; columelle assez courte, presque droite, ornée d'un pli basal profond ; callum assez épais, médiocrement développé, reliant les deux bords de l'ouverture, à bords nettement limités ; canal très court, ouvert, réfléchi, plus large que profond. — Coloration d'un corné grisâtre, foncé, avec quelques flammes plus teintées, mal définies ; intérieur corné pâle ; péristome blanc nacré. — Opercule petit, corné, fauve, ovalaire, à nucléus apical.

Dimensions. — Hauteur totale : 16 à 17 millimètres.
Diamètre maximum : 10 à 10 1/2 millimètres.

Observations. — Nous ne connaissons ni description, ni figuration de cette forme, soit parmi les espèces vivantes, soit parmi les espèces fossiles de ce groupe. Elle n'a du reste d'analogie qu'avec le *Nassa semistriata*.

Rapports et différences. — On distinguera le *Nassa ovoidea* du *Nassa semistriata* : à son galbe court, ventru, plus régulièrement ovoïde ; à ses premiers tours moins hauts, et par contre, à son dernier tour beaucoup plus développé ; au profil de ses tours paraissant plus convexes, et partant mieux étagés ; à son ornementation répartie d'une tout autre façon, réduite à une seule strie infra-suturale sur les deux ou trois dernier tours ; à son ouverture plus arrondie, plus large dans le bas ; etc. Ces mêmes caractères le distingueront à fortiori du *Nassa Gallandiana*.

Habitat. — Rare : zone des laminaires ; région océanique.

Genre AMYCLA, H. et A. Adams.

H. et A. Adams, 1858. *Gen. rec. Mollusca*, p. 118.

Description. — Coquille d'un galbe bucciforme *(sec. auct.)*, ovoïde, plus ou moins allongé. — Test lisse, brillant, avec quelques côtes longitudinales le plus souvent obsolètes sur les derniers tours, et quelques stries décurrentes basales. — Spire assez élevée, acuminée. — Ouverture ovalaire, rétrécie dans le haut ; labre faiblement épaissi à l'intérieur, et finement plissé dans cette région; columelle courte, faiblement arquée, légèrement plissée à la base ; callum peu développé, à bords bien limités, plus ou moins coloré. — Opercule corné, ovalaire, imbriqué, denticulé du côté du labre.

Observations. — Ce genre, de création relativement récente, a été démembré des anciens Buccins, puis des Nasses, par MM. H et A. Adams. Une seule espèce porte réellement des costulations qui rappellent celles des Nasses, c'est le *Nassa raricosta;* les autres espèces, lorsqu'elles sont privées de leur épiderme, ont le test lisse, à peine strié dans le bas du dernier tour, avec quelques côtes obsolètes sur les premiers tours qui suivent les tours embryonnaires.

Nous avons admis dans ce genre quatre espèces basées sur leur galbe et leur ornementation. Toutes vivent dans la Méditerranée.

AMYCLA RARICOSTATA, Risso.

Planaxis raricosta, Risso, 1826. *Hist. nat. Eur. merid.*, IV, p. 174, fig. 106.
Buccinum semiplicatum, Costa, 1829. *Cat. sist. Sicil.*, p. 78 et 80.
Nassa corniculum (pars), Weinkauff, 1868. *Conch. Mittelm.*, II, p. 67.
Amycla cornicula (var. raricosta), Bucquoy, Dautzenberg et Dollfus, 1882. *Moll. Rouss.*, p. 57, pl. XII, fig. 3 à 6.
— *raricostata*, Locard, 1886. *Prodr. malac. franç.*, p. 142 et 554.

Description. — Coquille d'un galbe ovoïde, un peu courte, un peu renflée, un peu plus développée et plus acuminée en dessus qu'en ddssous. — Test solide, épais, subopaque, brillant, quand il est privé de son mince épiderme; orné de côtes longitudinales peu nombreuses (8 à 10 sur le dernier tour), assez régulières, subégales, légèrement flexueuses, peu saillantes, bien espacées, à profil arrondi, souvent atténuées à la base du dernier tour, laissant entre elles un espace intercostal égal à une fois et demie leur épaisseur; quelques stries décurrentes peu profondes, assez rapprochées, à la base du dernier tour. — Spire un peu élevée et acuminée, aiguë, composée de 7 à 7 1/2 tours, à profil un peu convexe, médiocrement étagés, à croissance lente et régulière ; dernier tour bien développé, sensiblement égal, à son extrémité, à la moitié de la hauteur totale, à profil extérieur largement arrondi puis allongé et atténué dans le bas. — Suture linéaire, un peu ondulée. — Sommet lisse, obtus, brillant, fauve clair. — Ouverture ovalaire, assez allongée, rétrécie dans le haut et terminée dans cette partie par un sinus étroit et profond, faiblement arrondie dans le bas ; labre légèrement épaissi à l'intérieur, soutenu à l'extérieur par un bourrelet formé par une dernière costulation plus forte que les précédentes, orné en dedans de denticulations assez nombreuses, un peu fortes, médiocrement allongées, assez régulièrement réparties. — Columelle presque droite, un peu allongée, armée d'un pli basal; callum épais, étroit, reliant les deux bords de l'ouverture, à bords bien limités ; canal ouvert, court, réfléchi, peu profond. — Coloration d'un brun livide, un peu violacé, avec une zone claire sur le dernier tour, assez étroite, souvent mal définie; intérieur fauve un peu clair ; péristome violacé. — Opercule ovalaire, corné, fauve foncé, imbriqué, denticulé du côté du labre.

Dimensions. — Hauteur totale : 17 à 19 millimètres.
Diamètre maximum : 8 à 9 millimètres.

Variétés. — *Minor*. — De même galbe, mais n'atteignant que 13 à 14 millimètres de hauteur totale.

Ventricosa — De taille assez petite, d'un galbe court, renflé, ventru.

Attenuata. — De même galbe, avec les côtes atténuées à partir du dernier tour.

Carneola (Bucq., Dautz., Dollf.) (1). — D'une teinte carnéolée uniforme, avec le péristome entièrement blanc.

Lineolata. — D'une coloration plus pâle, avec de nombreuses linéoles

(1) Bucquoy, Dautzenberg et Dollfus, 1882, *Moll. Rouss.*, p. 59.

d'un brun rouge, étroites, décurrentes, régulièrement réparties sur tous les tours, et une bande étroite, plus foncée, continue, infra-suturale.

Zonata. — Avec une zone pâle bien définie, sur le dernier tour.

Fusca. — Presque complètement brune, sans zone pâle.

Observations. — Cette espèce, contestée par quelques auteurs, et pourtant si nettement définie, avec des caractère aussi constants, aussi tranchés, sert de passage entre les *Nassa* proprement dits et les *Amycla*. Elle paraît varier beaucoup de taille suivant les colonies. Avec la figuration donnée par Risso, il est difficile de reconnaître cette espèce ; mais on en trouvera de bons spécimens dans l'atlas des *Mollusques du Roussillon*.

Rapports et différences. — L'*Amycla varicostata* est si bien caractérisé qu'il ne nous paraît pas nécessaire d'établir de rapports ou différences avec les formes que nous avons étudiées jusqu'à présent.

Habitat. — Assez commun ; zone littorale et des laminaires ; toutes les côtes de la Méditerranée.

AMYCLA CORNICULATA, Olivi.

Buccinum corniculum, Olivi, 1792. *Zool. Adriat.*, p. 114. — De Blainville, 1826. *Faune franç*, p. 183, pl. VI, D, fig. 5.

— *fasciolatum*, de Lamarck, 1822. *Anim. sans vert.*, VII, p. 272. — 2e édit., X, p. 172. Kiener, 1835. *Coq. viv.*, *Buccin.*, p. 75, pl. XVII, fig. 61 à 63.

— *Calmeilii*, Payraudeau, 1826. *Moll. Corse.*, p. 160, pl. VIII, fig. 7 à 9.

Planaxis olivacea, Risso, 1826. *Hist. nat. Eur. merid.*, IV, p. 173, pl. VIII, fig. 114.

Nassa cornicula, Petit de la Saussaye, 1852. *In Journ. conch.*, III, p. 200.

Amycla cornicula, Bucquoy, Dautzenberg et Dollfus, 1882. *Moll. Rouss.*, p. 54, pl. XII, fig. 1 et 2.

— *corniculata*, Locard, 1886. *Prodr. malac. franç.*, p. 143 et 555.

Description. — Coquille d'un galbe ovoïde, un peu allongée, acuminée en dessus, un peu atténuée en dessous développée dans les deux sens. — Test solide, épais, lisse, brillant quand il est privé de son épiderme, mince, orné sur les deux ou trois premiers tours qui suivent les tours embryonnaires, de quelques plis longitudinaux plus ou moins obsolètes, assez nombreux et rapprochés, et de quelques stries décurrentes peu nombreuses, assez profondes, continues, rapprochées, à la base du dernier tour. — Spire assez élevée, aiguë, composée de 7 à 8 tours très légèrement convexes, peu étagés, à croissance lente et régulière ; dernier tour bien développé, sensiblement égal à son extrémité à la moitié de la hauteur totale, à profil extérieur largement convexe, allongé et atténué dans le bas. — Suture linéaire, peu profonde. — Sommet lisse, obtus, brillant, d'un fauve clair. — Ouverture un peu étroite, allongée, ovalaire, rétrécie dans le haut et terminée dans cette partie par un sinus étroit et profond, faiblement arrondie dans le bas ; labre légèrement épaissi à l'intérieur, orné dans cette partie de denticulations assez nombreuses, un peu fortes, médiocrement allongées, bien régulièrement réparties ; columelle presque droite, assez allongée, ornée d'un pli basal ; callum épais, étroit, reliant les deux bords de l'ouverture, à bords bien limités ; canal ouvert, court, réfléchi, peu profond. — Coloration d'un brun livide, violacé; une zone décurrente étroite, sur le dernier tour, d'une coloration plus pâle, et à bords plus ou moins nettement limités ; intérieur brunâtre ; péristome violacé. — Opercule ovalaire, corné, fauve foncé, imbriqué, denticulé du côté du labre.

Dimensions. Hauteur totale : 18 à 20 millimètres.
Diamètre maximum : 8 1/2 à 9 1/2 millimètres.

Variétés. — *Minor* — (Scacchi) (1). De même galbe, mais ne mesurant que de 16 à 18 millimètres de hauteur totale.

Ventricosa. — De même taille, ou de taille plus petite, avec le dernier tour très ventru.

Livida (Scacchi). — D'une coloration un peu verdâtre, avec les zones confuses.

Varicosa (Bucq., Dautz., Dollf.) (2). — Avec un bourrelet variqueux sur le dernier tour.

Fasciolata (Lamarck) (3). — Avec deux zones décurrentes claires sur le dernier tour, séparées par un filet brun ; columelle et bord du labre violacés, le reste du labre blanc.

Albo-maculata (Bucq., Dautz., Dollf.) — De taille assez petite, d'un fond gris rosé ; avec une zone infra-suturale d'un brun rougeâtre, parsemée de flammules blanches ; sur le dernier tour une zone médiane étroite et une zone basale brune.

Punctulata (Bucq., Dautz., Dollf.). — De taille assez petite, d'un fond

(1) Scacchi, 1836. *Catal. Regni Neap.*, p. 11.
(2) Bucquoy, Dautzenberg et Dollfus, 1882. *Moll. Rouss.*, p. 58.
(3) De Lamarck, 1822. *Anim. sans vert.*, VII, p. 272.

gris bleuâtre entièrement couvert de linéoles décurrentes, fines, nombreuses, articulées de points bruns et blancs ; columelle et base du labre lie de vin.

Fusca (Bucq., Dautz., Dollf.). — De taille assez petite, avec une zone infra-suturale blanche, très étroite, articulée de points bruns, fond marron, jaunâtre, uniforme ; péristome plus ou moins violacé.

Atra (Kiener) (1). — D'un brun presque noir, avec une zone infra-suturale articulée de blanc et de fauve roux.

Observations. — Il est aujourd'hui bien reconnu qu'il faut identifier les *Buccinum fasciolatum* de Lamarck, *B. Calmeilii* de Payraudeau, et *Planaxis olivacea* de Risso, au *Buccinum corniculum* d'Olivi ; le tout rentre dans le genre *Amycla* ; et pour suivre les règles de la nomenclature, au lieu du substantif de *cornicula*, nous avons fait usage de l'adjectif *corniculata*.

Peu de formes présentent autant de variations, dans leur coloration, que celles qui nous occupent ; plusieurs auteurs ont cité bon nombre de variétés ; nous avons essayé de les grouper de la façon la plus simple. Quant au galbe, il varie peu en lui-même.

Rapports et différences. — Nous ne pouvons rapprocher l'*Amycla corniculata* que de l'espèce précédente. On le distinguera : à son galbe généralement plus allongé, avec la spire plus haute, plus effilée ; à son test lisse ou presque lisse, sans les costulations si caractéristiques de l'*Amycla raricostata* ; à son dernier tour plus effilé, plus allongé dans le bas ; à son ouverture un peu plus étroite, plus étranglée dans le haut ; etc.

Habitat. — Assez commun ; zone littorale et des laminaires ; en colonies populeuses ; sur les rochers ; l'Océan et la Méditerranée, mais plus abondant dans le sud que dans le nord.

AMYCLA MONTEROSATOI, Locard.

Amycla cornicula (pars), Bucquoy, Dautzenberg et Dollfus, 1882. *Moll. Rouss.*, p. 56, pl. XXI, fig. 7 à 14.

— *Monterosatoi*, Locard, 1882 *Mss.* — 1886. *Prodr. malac. franç.*, p. 143 et 554.

Description. — Coquille de taille assez petite, d'un galbe subfusiforme, un peu allongée, plus développée et plus acuminée en dessus qu'en dessous. — Test solide, un peu mince, subopaque, lisse et brillant, orné sur

(1) Kiener, 1835. *Coq. viv.*, *Buccin.*, p. 76, pl. XVII, fig. 63.

les deux ou trois premiers tours qui suivent les tours embryonnaires, de quelques costulations longitudinales, un peu espacées, plus ou moins obsolètes, et de quelques stries décurrentes, peu profondes, régulières, à la base du dernier tour. — Spire élevée, acuminée, bien aiguë, composée de 7 à 8 tours à croissance lente et régulière, à profil méplan, peu étagés ; dernier tour bien développé, notablement plus grand à son extrémité que la moitié de la hauteur totale, à profil extérieur bien arrondi, atténué dans le bas. — Suture linéaire, peu accusée. — Sommet lisse, obtus, brillant, d'un fauve clair. — Ouverture légèrement ovalaire, bien arrondie dans le bas, terminée dans le haut par un sinus très étroit et peu profond ; labre légèrement épaissi à l'intérieur, et faiblement bordé à l'extérieur, orné en dedans de denticulations pliciformes assez nombreuses, peu allongées, plus fortes et plus rapprochées en bas qu'en haut ; columelle presque droite, assez courte, ornée d'un pli basal peu saillant ; callum peu développé, reliant les deux bords de l'ouverture, à bords bien définis ; canal court, ouvert, réfléchi, aussi large que profond. — Coloration d'un fauve violacé ; deux zones parallèles sur le dernier tour, séparées par un filet brun de même nuance que le fond, avec les bords généralement assez bien limités ; intérieur brun clair ; columelle et base du labre lie de vin, le reste du labre blanchâtre. — Opercule ovalaire, corné, fauve foncé, imbriqué, denticulé du côté du labre.

Dimensions. — Hauteur totale : 13 à 15 millimètres.
Diamètre maximum : 6 à 6 1/2 millimètres.

Variétés. — *Minor.* — De même galbe, mais ne dépassant pas 12 millimètres de hauteur totale.

Ventricosa. — De même taille, ou de taille plus petite, avec le dernier tour plus gros, plus ventru.

Attenuata. — D'un galbe plus grêle, plus effilé, avec le dernier tour peu renflé.

Varicosa (Bucq., Dautz., Dollf.) (1). — Avec un bourrelet variqueux sur le dernier tour.

Atrata (Bucq., Dautz., Dollf.) — Fond très foncé, presque noir, avec des fascies obscures sur le dernier tour, et une série de points blancs contigus, formant une zone subsuturale très étroite ; columelle et base du labre d'une teinte lie de vin très foncée.

(1) Bucquoy, Dautzenberg et Dollfus, 1882. *Moll. Rouss.*, p. 58.

Flavida (Monterosato) (1). — D'une belle teinte orangée, avec une double fascie obsolète sur le dernier tour; intérieur de l'ouverture d'un jaune orange, base de la columelle et sommet du labre blanchâtres.

Lineolata (Bucq., Dautz., Dollf.) — Très luisante, d'un ton carnéolé ou roux assez vif, avec deux ou trois linéoles décurrentes brunes, sur le dernier tour.

Albo-maculata (Bucq., Dautz., Dollf.) — Fond gris rosé avec une zone brun rougeâtre large, infra-suturale, et une seconde zone plus étroite à la base du dernier tour; toute la coquille est parsemée de petites taches blanchâtres peu apparentes; péristome rosé.

Punctulata (Bucq., Dautz., Dollf.). — Fond gris bleuâtre, entièrement couvert de linéoles décurrentes fines, nombreuses, articulées de points bruns et blancs; columelle et base du labre d'une teinte lie de vin.

Fusca (Bucq., Dautz., Dollf.). — Fond marron jaunâtre uniforme, avec une zone infra-suturale blanche, très étroite articulée de points bruns.

Observations. — Il ne s'agit point ici, comme quelques auteurs ont pu le croire, d'une simple *var. minor*, de l'*Amycla corniculata*, mais bien d'une forme plus petite, il est vrai, mais affectant des caractères particuliers bien différents et bien constants. Il est probable que de Lamarck en décrivant son *Buccinum fasciolatum* a eu en vue au moins une forme *minor* du véritable *Amycla corniculata*. En effet, il donne comme dimension à son type sept lignes et demie, soit un peu plus de 16 millimètres; or l'*Amycla corniculata* atteint de 18 à 20 millimètres. Kiener, qui a eu en mains la collection de de Lamarck, donne en effet à son *Buccinum fasciolatum* 9 lignes, soit un peu plus de 20 millimètres. Il s'ensuit donc qu'à la rigueur, en tenant compte de ce fait que la coquille qui nous occupe est plus souvent fasciolée que l'espèce précédente, elle pourrait au besoin conserver le nom d'*Amycla fasciolata* proposé par de Lamarck. Mais la synonymie qui figure dans la deuxième édition des *Animaux sans vertèbres* notamment nous a fait reconnaître que cette dénomination donnait lieu à de fâcheuses confusions. Nous avons donc laissé le *Buccinum fasciolatum* de Lamarck et Kiener en synonyme de l'*Amycla corniculata*, et nous avons proposé pour l'espèce qui nous occupe le nom de notre savant ami, M. le marquis de Monterosato, à qui l'on doit de si beaux travaux sur la faune malacologique méditerranéenne.

(1) De Monterosato, 1875. *Nuova rivista*, p. 40.

Rapports et différences. — On distinguera l'*Amycla Monterosatoi* de l'*A. corniculata* : à sa taille plus petite ; à son galbe plus grêle, plus effilé ; à sa spire plus haute, plus acuminée ; à ses tours à profil plus méplan, séparés par une ligne suturale plus oblique ; à son dernier tour toujours moins haut à son extrémité, et moins allongé à sa base ; à son ouverture notablement plus arrondie dans le bas, comme dans tout son ensemble ; à sa coloration beaucoup plus claire ; etc.

Habitat. — Assez commun ; en colonies populeuses ; zone littorale et des laminaires ; toutes les côtes de la Méditerranée.

AMYCLA ELONGATA, Locard.

(Pl. fig. 14.)

Amycla elongata, Locard, 1883. *Mss.* — 1886. *Prodr. malac. franç.*, p. 143 et 554.

Description. — Coquille d'un galbe fusiforme, très allongée, beaucoup plus développée et acuminée en dessus qu'en desous. — Test solide, un peu mince, lisse, brillant, orné seulement à la base de quelques stries décurrentes fines, peu profondes, peu nombreuses, assez rapprochées. — Spire très allongée, très effilée, bien aiguë, composée de 8 à 8 1/2 tours peu étagés, à peine un peu convexes dans leur partie médiane, à croissance très lente et régulière ; dernier tour assez développé, très notablement plus petit, à son extrémité, que la moitié de la hauteur totale, à profil extérieur convexe-arrondi, puis atténué dans le bas, un peu allongé à la base. — Suture linéaire peu accusée. — Sommet lisse, obtus, brillant, d'un fauve clair. — Ouverture petite, un peu allongée, légèrement ovalaire, terminée dans le haut par un sinus étroit, peu profond ; labre légèrement épaissi à l'intérieur, soutenu extérieurement par un bourrelet méplan, très peu saillant, orné en dedans de denticulations pliciformes un peu allongées, fines, nombreuses, bien régulières, un peu plus rapprochées en bas qu'en haut ; columelle très courte, tordue, faiblement bordée à la base ; callum épais, très peu développé, reliant les deux bords de l'ouverture, à bords nettement limités ; canal très court, ouvert, réfléchi, plus large que profond. — Coloration d'un fauve pâle violacé, avec une zone étroite infra-suturale, maculée de fauve foncé et de blanc, et deux zones plus claires, larges, à bords un peu confus sur le milieu du dernier tour, séparées par un filet plus foncé, très mince ; intérieur roux clair; columelle et base du labre violacées, le reste du péristome blanc. — Opercule petit, corné, imbriqué, d'un fauve roux, denticulé du côté du labre.

DIMENSIONS. — Hauteur totale : 15 à 17 millimètres.
Diamètre maximum : 6 à 6 1/2 millimètres.

VARIÉTÉS. — *Pallida.* — D'un fauve clair, un peu jaunâtre, avec une bande plus claire au milieu du dernier tour.

OBSERVATIONS. — Nous ne connaissons aucune description ni aucune figuration de cette élégante forme ; nous ne pensons pas cependant qu'elle ait pu être confondue avec l'*Amycla corniculata.*

RAPPORTS ET DIFFÉRENCES. — On peut rapprocher l'*Amycla elongata* des *A. corniculata* et *A. Monterosatoi ;* en effet, s'il atteint la hauteur totale du premier, son diamètre maximum ne dépasse pas celui du second. On le distinguera de l'*Amycla corniculata :* à son galbe beaucoup plus étroit, plus allongé, plus effilé, à sa spire proportionnellement plus haute, plus aiguë ; à ses tours de spire moins étagés, à profil plus méplan ; à son dernier tour beaucoup moins haut à son extrémité, moins allongé à sa base ; à son ouverture plus petite, mais moins allongée, moins rétrécie dans le haut ; à ses tours supérieurs lisses ; etc.

Comparé à l'*Amycla Monterosatoi*, on le reconnaîtra : à sa taille plus forte, quoique ayant à peu près le même diamètre maximum ; à sa spire beaucoup plus haute, encore plus allongée ; à sa suture encore plus oblique ; à son dernier tour moins développé à son extrémité, mais plus allongé à la base ; à son ouverture plus ovalaire, moins bien arrondie dans le bas ; à ses tours supérieurs plus lisses ; etc.

HABITAT. — Rare ; zone littorale et des laminaires ; çà et là sur les côtes de la Méditerranée.

Genre BUCCINUM (Pline), Linné.

Linné, 1758. *Syst. nat.*, édit. X, p. 734.

Description. — Coquilles de grande taille, d'un galbe fusiforme plus ou moins ventru. — Test orné de stries décurrentes nombreuses, plus ou moins fortes, avec ou sans costulations longitudinales. — Spire plus ou moins conique, avec le dernier tour un peu allongé dans le bas. — Ouverture ovalaire; labre simple, tranchant, sans plis ni dents à l'intérieur; columelle légèrement sinueuse, non bordée à la base; canal largement ouvert. — Opercule petit, corné, ovalaire, à nucléus sub-central.

Observations. — Le nom de *Buccinum* paraît avoir été employé pour la première fois par Pline, et comprenait, comme nous l'avons dit précédemment, un très grand nombre d'espèces. Linné, tout en le conservant, en a singulièrement restreint les limites. Depuis cette époque ce genre a encore subi de très nombreuses coupes, comme on a pu le voir par notre synonymie. Bref aujourd'hui il est réservé pour certaines formes vivant surtout dans les mers boréales, et dont le type est le *Buccinum undatum* de Linné.

Nous ne possédons dans la faune européenne qu'un très petit nombre d'espèces de véritables Buccins. Nous en avons signalé seulement cinq pour la faune française, réparties dans deux groupes bien distincts.

A. — Groupe de B. UNDATUM

Ce premier groupe renferme les formes de grande taille, ornées de costulations longitudinales plus ou moins saillantes, avec le dernier tour médiocrement allongé à la base. Nous ne connaissons dans ce groupe que deux espèces, dont une, le *Buccinum undatum*, est le prototype de la famille des *Buccinidæ*.

BUCCINUM UNDATUM, Linné.

Buccinum undatum, Linné, 1767. *Syst. nat.*, édit. XII, p. 1204. — Donovan, 1801. *Brit. Shells*, III, pl. CIV. — De Blainville, 1826. *Faune franç.*, p. 169, pl. VI, C, fig. 2-3. — Kiener, 1835. *Coq. viv.*, *Buccin.*, p. 3. pl. II, fig. 5. — Reeve, 1846. *Conch. Icon. Buccin.*, no 3, pl. I, fig. 3. — Forbes et Hanley, 1853. *Brit. moll.*, III, p. 401, pl. CIX, fig. 3 à 5; pl. LLL, fig. 5. — Küster, 1858. *In* Martini et Chemnitz, *Conch. Cab.*, p. 2, pl. I, fig. 1, 2, 4 à 6; pl. II, fig. 1-2; pl. LXXIII, fig. 1 à 3; pl. LXXIV fig. 1 à 4. — Sowerby, 1859. *Ill. ind.*, pl. XXIII, fig. 8. — Jeffreys, 1867-1869. *Brit conch.*, IV, p. 285, pl. LXXXII, fig. 2-3. — Locard, 1886. *Prodr. malac. franç.*, p. 144

Tritonium undatum, Müller, 1776. *Zool. Dan. Prodr.*, p. 243.

Buccinum solutum, Dillwyn, 1817. *Descr. Catal. recent. Shells*, II, p. 683.

Description. — Coquille de grande taille, d'un galbe ovoïde, ventru, presque aussi développée, mais plus acuminée en dessus qu'en dessous. — Test solide, épais, opaque, orné d'un double régime de côtes et de stries ; côtes longitudinales très flexueuses, bien ondulées, assez nombreuses (12 à 16 sur le dernier tour), subégales, continues sur les tours qui suivent les tours embryonnaires, atténuées sur le dernier tour, à partir du milieu jusqu'en bas, peu saillantes, à profil arrondi, laissant entre elles un espace intercostal sensiblement égal à leur épaisseur; stries décurrentes profondes, continues, régulières, très rapprochés, passant par-dessus les côtes, et formant, par leur mode de groupement, des cordons décurrents étroits, régulièrement espacés, laissant entre eux des stries plus étroites. — Spire un peu élevée, acuminée, subaiguë, composée de 7 à 8 tours bien étagés, les premiers croissant lentement et régulièrement, à profil convexe ; dernier tour très développé, notablement plus grand à son extrémité que la moitié de la hauteur totale, à profil extérieur bien arrondi dans le haut, allongé et atténué dans le bas. — Suture linéaire, ondulée, accusée surtout par le profil des tours. — Sommet lisse, obtus, brillant, d'un fauve très clair. — Ouverture grande, presque droite, largement ovalaire, terminée dans le haut par un faux sinus peu profond, assez large ; labre tranchant, à profil ondulé, lisse à l'intérieur, un peu épaissi dans le haut ; columelle un peu allongée, presque droite ou légèrement sinueuse, lisse, épaissie mais non bordée à la base ; callum à bords minces, peu développé, reliant les deux bords de l'ouverture, à contour mal défini ; canal court, ouvert, légèrement infléchi, notablement plus large que profond, accompagné d'un épais bourrelet extérieur, se relevant jusqu'à la columelle. — Coloration monochrome d'un jaune roux, avec épiderme brun clair ; intérieur jaune pâle, roussâtre; péristome blanc nacré. — Opercule corné, ovalaire, d'un roux clair, à nucléus subcentral,

DIMENSIONS. — Hauteur totale : 70 à 90 millimètres.
Diamètre maximum : 50 à 60 millimètres.

VARIÉTÉS — *Elongata*. — De grande taille, d'un galbe plus étroit plus allongé, avec le dernier tour moins renflé et la spire plus haute.

Minor. — De même galbe, mais n'atteignant pas 70 millimètres de hauteur.

Ventricosa. — De toutes tailles, d'un galbe court et bien ventru.

Decussata. — De taille un peu petite, avec les cordons décurrents très fortement accusés, les côtes plus saillantes et dépassant en longueur la moitié supérieure du dernier tour.

Attenuata. — Avec les cordons décurrents très saillants, et les côtes longitudinales très atténuées, presque obsolètes sur le dernier tour.

Costulata. — Avec les côtes longitudinales bien marquées et les cordons décurrents plus ou moins obsolètes.

Varicosa. — Avec une ou deux côtes variqueuses, continues, à l'extrémité du dernier tour.

Zonata (Kiener) (1). — D'un jaune clair ou violacé avec une ou plusieurs bandes roussâtres.

Albida. — Presque complètement blanche.

Sinistra. — Enroulement sénestre.

OBSERVATIONS — Le *Buccinum undatum* présente de très notables variations dans son galbe et dans son ornementation. Il passe de la *var. minor* ne mesurant que 55 à 60 millimètres à la taille *major* dépassant 90 à 95 millimètres ; tantôt c'est une coquille au galbe mince, effilé, tantôt au contraire, ce galbe devient court et trapu. Parfois enfin le test est fortement costulé ou paraît presque exclusivement strié. Ces variations se compliquent encore en s'alliant entre elles ; c'est ainsi par exemple que l'on peut voir la *var. minor* ou la *var. elongata* présenter les caractères des *var. attenuata, costulata, etc.* Ainsi que nous l'avons indiqué, on trouve de nombreuses et bonnes figurations de toutes ces formes dans les iconographies.

(1) Kiener, 1835. *Coq. viv.*, *Buccin.*, p. 4.

Habitat. — Très commun ; zone littorale et des laminaires ; en colonies populeuses ; toutes les côtes de la Manche et de l'Océan.

BUCCINUM ACUMINATUM, Broderip.

Buccinum acuminatum, Broderip, 1830. *In Zoolog. Journ.*, V, p. 44, pl. III, fig. 1-2. — Brown, 1844. *Ill. conch.*, 2e édit., p. 4, pl. III, fig. 5-6. — Reeve, 1846. *Conch. icon.*, *Buccin.*, pl. I, fig. 4. — Sowerby, 1859. *Ill. ind.*, pl. XVIII, fig. 9.

— *undatum (var.)*, Forbes et Hanley, 1853. *Brit. moll.*, III, p. 402, pl. CX, fig. 1. — Jeffreys, 1862-68. *Brit. conch.*, IV, p. 287, pl. LXXXII, fig. 4. — Küster, 1858. *In* Martini et Chemnitz, *Conch. Cab.*, pl. LXXIV, fig. 5.

Description. — Coquille de grande taille, d'un galbe conique très allongé, beaucoup plus développée et acuminée en dessus qu'en dessous. — Test solide, épais, opaque, orné : de stries décurrentes profondes, continues, régulières, très rapprochées, formant par leur mode de groupement des cordons décurrents étroits, assez régulièrement espacés, laissant entre eux des stries plus étroites ; de stries d'accroissement longitudinales assez saillantes, très ondulées, régulièrement espacées ; de quelques costulations onduleuses peu nombreuses, assez fortes, assez espacées visibles seulement sur les premiers tours qui suivent les tours embryonnaires. — Spire très élevée, très acuminée, à croissance lente et régulière composée de 8 à 9 tours, à profil méplan dans le haut, un peu arrondi dans le bas ; dernier tour proportionnellement à peine plus développé que les tours précédents, à profil extérieur méplan ou même un peu convexe dans le haut, arrondis puis atténués assez brusquement dans le bas. — Suture assez profonde, linéaire. — Sommet lisse, obtus, brillant, fauve très clair. — Ouverture un peu arrondie, presque droite, terminée dans le haut par un faux sinus peu profond, assez large ; labre tranchant, à profil un peu ondulé, lisse à l'intérieur, un peu épaissi dans le haut ; columelle légèrement allongée, presque droite ou légèrement sinueuse, lisse, épaissie mais non bordée à la base ; callum à bords minces, peu développé, reliant les deux bords de l'ouverture, à contours mal définis ; canal court, ouvert, légèrement infléchi, notablement plus large que profond, accompagné d'un épais bourrelet extérieur, se relevant jusqu'à la columelle. — Coloration monochrome, d'un jaune roux, avec épiderme brun clair ; intérieur jaune pâle, roussâtre ; péristome blanc, nacré. — Opercule corné, ovalaire, d'un roux clair, à nucléus subcentral.

Dimensions. — Hauteur totale : 70 à 80 millimètres (1).
Diamètre maximum : 32 à 38 millimètres.

Observations. — La forme que nous venons de décrire a été tantôt considérée comme espèce, tantôt comme variété ou anomalie du *Buccinum undatum*. Il est incontestable qu'avec un tel galbe nous sommes bien loin du type, et qu'il paraît convenable d'écarter l'idée d'une simple variété. Reste la question d'anomalie. Or, une anomalie est presque toujours le résultat d'un accident. Nous avons étudié plus de quarante formes scalaires ou subscalaires de l'*Helix pomatia* (2) et toujours, sauf pour un échantillon, nous avons pu découvrir la cause première de la scalarité. Si donc la forme qui nous occupe est en réalité une anomalie, elle doit, elle aussi, porter les traces de l'origine d'un mode de développement aussi particulier. Malgré nos recherches, nous n'avons vu absolument rien d'anormal sur les échantillons que nous avons pu examiner ; tous se déroulent avec la plus parfaite régularité, sans fracture ni blessure. Nous croyons donc qu'il s'agit ici d'une forme particulière, normale, jouant vis-à-vis du *Buccinum undatum* le même rôle que les *Helix promœca* (3) et *H. pyrgia* (4), vis-à-vis de l'*Helix pomatia* par exemple ; et jusqu'à plus ample information nous maintiendrons comme espèce, avec quelques rares auteurs anglais, le *Buccinum acuminatum* de Broderip.

Rapports et différences — Le *Buccinum acuminatum* diffère du *B. undatum* : par sa taille plus forte ; par son galbe beaucoup plus allongé, avec sa spire plus haute, plus acuminée ; par son dernier tour beaucoup moins ventru ; par son ornementation consistant presque uniquement en cordons décurrents plus ou moins étroits ; par le profil de ses tours beaucoup plus méplan ; etc.

Habitat. — Rare ; zone littorale et des laminaires ; sur les côtes de la Manche et de l'Océan.

(1) Forbes et Hanley ont figuré dans leurs atlas un individu qui mesure plus de 10 centimètres de longueur.

(2) Linné, 1758. *Syst. nat.*, édit. X, p. 771.

(3) Bourguignat. *In* Locard, 1882. *Prodr. malac. franç.*, p. 53 et 303.

(4) Bourguignat. *Loc. cit.*, p. 53 et 305.

B. — Groupe du B. HUMPHREYSIANUM

Ce groupe renferme les espèces d'un galbe subfusiforme, avec le test aminci, orné de stries décurrentes très fines, sans costulations longitudinales, avec le dernier tour allongé dans le bas, etc. Ce groupe, jusqu'à présent fort mal compris, comporte des espèces peu connues, vivant en général à d'assez grandes profondeurs. Il pourrait, à la rigueur, constituer un genre à part, distinct des véritables Buccins, par le peu d'épaisseur de son test, par le galbe et l'ornementation de la coquille.

BUCCINUM HUMPHREYSIANUM, Bennett.

Buccinum Humphreysianum, Bennett, 1825. *In Zool. Journ.*, I, p. 398. pl. XXII. — Brown, 1845. *Ill. conch.*, 2e édit., p. 4, pl. IV, fig. 14. — Forbes et Hanley, 1853. *Brit. moll.*, III, p. 410, pl. CX, fig. 1. — Küster, 1858. *In* Martini et Chemnitz, p. 56, pl. LXXXV, fig. 2-3. — Sowerby, 1859. *Ill. ind.*, pl. XVIII, fig. 13. — Jeffreys, 1867-1869. *Brit. conch.*, IV, p. 293; V, p. 218, pl. LXXXIII, fig. 1. — Kobelt, 1883. *Icon. Meeresconch.*, p. 102, pl. XVIII, fig. 2-4.

Description. — Coquille de taille moyenne, d'un galbe fusiforme un peu allongé, aussi développée, mais plus acuminée en dessus qu'en dessous. — Test mince, assez solide, subopaque, orné de stries décurrentes extrêmement fines, très rapprochées, peu profondes, un peu ondulées, régulières, et de quelques stries d'accroissement longitudinales, peu nombreuses, peu saillantes, légèrement flexueuses. — Spire assez élevée, composée de 7 à 8 tours, peu étagés, à croissance lente et régulière, à profil un peu convexe; dernier tour bien développé, un peu plus grand à son extrémité que la moitié de la hauteur totale, à profil extérieur largement arrondi, allongé et atténué dans le bas. — Sommet lisse, obtus, brillant, fauve très clair. — Suture linéaire, peu profonde, un peu inclinée. — Ouverture oblique, assez grande, largement ovalaire, un peu rétrécie dans le haut, bien arrondie vers le bord externe, à profil ondulé ; labre mince, tranchant, lisse à l'intérieur, accompagné extérieurement de un ou deux plis d'accroissement minces et saillants; columelle très allongée, presque droite, lisse, avec un pli basal mal défini ; callum très mince, peu étendu, reliant les deux bords de l'ouverture, à contours mal limités; canal largement ouvert, faiblement réfléchi, large mais peu profond. —

Coloration d'un roux corné pâle, avec une large zone infra-suturale marbrée de fauve plus foncé, bordée en haut et en bas de deux petites bandes étroites, très brunes, maculées de blanc et de fauve foncé, et une zone basale, assez large, de même allure ; intérieur roux clair ; columelle blanche, nacrée ; callum brillant, de même coloration que le test. — Opercule très petit, ovalaire, corné, fauve, à nucléus subcentral.

Dimensions. — Hauteur totale : 42 à 48 millimètres.
Diamètre maximum : 22 à 24 millimètres.

Variété. — *Azonata*. — De même galbe et de même taille, monochrome, sans les bandes colorées du dernier tour.

Observations. — Le type du *Buccinum Humphreysianum* a été rencontré sur les côtes d'Angleterre. On en trouve de bonnes descriptions et d'exactes figurations dans les différentes iconographies que nous avons citées. On a également reconnu cette même espèce sur les côtes de France, mais exclusivement dans la Manche et dans l'Océan. C'est toujours une coquille rare, gisant à d'assez grandes profondeurs.

La découverte de formes analogues dans la Méditerranée a donné lieu à une confusion synonymique qu'il importe de rectifier. Le petit nombre de sujets recueillis explique sans peine les erreurs qui ont pu être commises à ce sujet. Mais aujourd'hui, après avoir examiné un nombre suffisant d'échantillons dans de nombreuses collections, nous nous croyons en mesure de trancher définitivement la question. Nous déclarons donc n'avoir jamais rencontré le véritable *Buccinum Humphreysianum* dans la Méditerranée. Sous ce nom, on a confondu avec le type anglais les deux formes que nous étudierons plus loin.

Reeve, dans son *Conchologia iconica* ne paraît pas avoir connu le véritable *Buccinum Humphreysianum* de Bennett. Il donne (1), avec un point de doute, il est vrai, cette espèce comme synonyme du *Buccinum ciliatum* de Fabricius (2) qu'il identifie au *Buccinum ventricosum* de Kiener (3), forme qui ne vit nullement dans nos régions.

Habitat. — Rare ; les environs de Dunkerque dans le nord et le golfe de Gascogne dans l'Océan.

(1) Reeve, 1846. *Conch. Icon.*, pl. I, fig. 1.
(2) Fabricius, 1780. *Fauna Groenlandica*, p. 401.
(3) Kiener, 1835. *Coq. viv.*, *Buccin.*, p. 4, pl. III, fig. 7.

BUCCINUM ATRACTODEUM, Locard.

Buccinum fusiforme (*non* Broderip) Kiener, 1835. *Coq. viv.*, *Buccin.*, p. 5, pl. V, fig. 12. — Kobelt, 1874. *Jahrb. Malac.*, I, p. 230, pl. XI, fig. 5. — Küster, 1858. *In* Martini et Chemnitz, p. 53, pl. LXXXV, fig. 4. — Kobelt, 1883. *Icon. Meeresconch.*, p. 111, pl. XVIII, fig. 1.
— *ventricosum* (*n.* Kiener), Jeffreys, 1867. *Brit. conch.*, IV, p. 294.
— *Humphreysianum* (*var. ventricosum*), de Monterosato, 1878. *Enum. e sinon.*, p. 39.

Description. — Coquille de taille assez forte, d'un galbe fusiforme court et ventru, aussi développée, mais plus acuminée en dessus qu'en dessous. — Test mince, assez solide, subopaque, orné de stries décurrentes extrêmement fines, très rapprochées, peu profondes, un peu ondulées, régulières, et de quelques stries d'accroissement longitudinales peu nombreuses, peu saillantes, légèrement flexueuses. — Spire assez élevée, composée de 7 1/2 à 8 tours, peu étagés, à croissance très lente, et régulière, à profil convexe; dernier tour très développé, ventru, plus grand à son extrémité que la moitié de la hauteur totale, à profil extérieur très convexe, allongé et atténué dans le bas. — Sommet lisse obtus, brillant, d'un fauve très clair. — Suture linéaire peu profonde, un peu oblique. — Ouverture oblique, assez grande, subarrondie, dilatée dans le bas, rétrécie dans le haut, bien arrondie vers le bord extérieur, à profil légèrement ondulé; labre mince, tranchant, lisse à l'intérieur, accompagné extérieurement de un ou plusieurs plis d'accroissement, minces, mais un peu saillants; columelle très allongée, presque droite, lisse, avec un pli basal presque nul, même chez les sujets bien adultes; callum très mince, peu étendu, reliant les deux bords de l'ouverture, à bords mal limités; canal très large, faiblement réfléchi, peu profond. — Coloration d'un roux corné pâle, parfois un peu jaunâtre, sans bandes ni flammules; intérieur roux clair; columelle blanche, nacrée; callum brillant, de même coloration que le test. — Opercule?

Dimensions. — Hauteur totale : 41 à 45 millimètres.
Diamètre maximum : 24 à 28 millimètres.

Observations. — Cette espèce, décrite et figurée par Kiener, sans indication de provenance, a été retrouvée à diverses reprises sur les côtes de Provence. Nous en avons examiné, dans différentes collections, plusieurs échantillons tous bien conformes à la figuration donnée par cet auteur. M. le marquis de Monterosato nous apprend (1) que les premiers individus ont été trouvés dans l'estomac du *Trigla gurnardus*, et que depuis il n'en a pas observé moins de douze sujets bien complets et bien adultes. Cependant notre savant confrère identifie cette forme avec le *Buccinum ventricosum* de Kiener (2). Or, d'après Kiener lui-même, ce dernier serait une espèce des mers du Nord. A vrai dire, nous ne connaissons le *Buccinum ventricosum* que par la description et la figuration de Kiener; mais les échantillons que nous avons eus sous les yeux ont incontestablement plus d'analogie avec le *Buccinum fusiforme* qu'avec le *Buccinum ventricosum*. Enfin, il nous paraît démontré que Kiener n'a pas connu le véritable *Buccinum Humphreysianum*, tel qu'il vit dans le Nord. Nous estimons donc qu'il faut identifier nos formes de Provence avec le *Buccinum fusiforme*. Mais comme ce nom a été déjà employé antérieurement par Broderip (3), nous proposons de lui substituer celui de *Buccinum atractodeum* (4).

Reeve, dans son *Iconographie* (5), a rapproché, avec un point de doute, il est vrai, cette même forme du *Buccinum ovum* de Turton (6), dont il donne une figuration d'après un échantillon de la collection Cuming. Quoique ce dessin nous paraisse représenter une forme un peu exagérée sous le rapport du peu de hauteur de la spire, il est facile, par la simple comparaison avec la figuration donnée par Kiener de voir combien ces deux formes sont différentes.

Enfin, comme on le voit, nous ne sommes point d'accord avec MM. Petit de la Saussaye, Tiberi, Weinkauff, Aradas et Benoît (7) qui prétendent identifier cette espèce avec le véritable *Buccinum Humphreysianum*. Il est possible qu'en changeant le *modus vivendi* de l'espèce septentrionale, qu'en la transportant des mers du nord dans les eaux de la Méditerranée, elle se modifie, elle se transforme, au point de passer de la forme, *Humphreysianum* à la forme *atractodeum*. C'est là une expé-

(1) M. de Monterosato. *Note intorno ad alc. artic. di conch. Mediterr. dal Weinkauff et Kobelt*, p. 4.

(2) Kiener, 1835. *Coq. viv.*, *Buccin.*, p. 4, pl. III, fig. 7.

(3) Broderip, 1829. *In Zool. journ.*, V, p. 45, pl. III, fig. 3.

(4) Du grec ἀτρακτώδης, en forme de fuseau.

(5) Reeve, 1846. *Icon. Conch.*, pl. IV, fig. 25.

(6) Turton, 1825. *In Zool. journ.*, II, p. 366, pl. XIII, fig. 9.

(7) Petit de la Saussaye, 1860. *In Journ. conch.*, VIII, p. 255. — Tiberi, 1860, *In Boll. malac. Ital.*, II, p. 254. — Weinkauff, 1870. *In Boll. malac. Ital.*, III, p. 80. — Aradas et Benoit 1870, *Conch. mar. Sicil.*, p. 286.

rience à faire. Mais en attendant, nous constatons dans ces deux milieux des formes suffisamment différentes, et qui paraissent héréditaires, c'est-à-dire dans les conditions voulues pour constituer deux formes spécifiques distinctes.

Rapports et différences. — Comparé au *Buccinum Humphreysianum*, le *B. atractodeum* se distinguera : à sa taille un peu plus petite ; à son galbe beaucoup moins allongé ; à son dernier tour beaucoup plus ventru, tout en conservant une même hauteur ; à sa spire moins effilée dans le haut ; à ses tours à profil plus convexe, surtout le dernier tour ; à son ouverture moins ovalaire, plus dilatée dans le bas ; à son ornementation ; etc.

Si l'on veut encore le comparer au *Buccinum ovum*, avec lequel quelques auteurs l'ont confondu, on le reconnaîtra : à son galbe plus élancé, plus fusiforme ; à sa spire plus allongée, avec les tours plus élevés ; à son dernier tour moins globuleux, plus allongé dans le bas, quoique avec le même profil latéral ; à son ouverture moins oblique, à profil plus ondulé, plus dilaté à la base ; etc.

Habitat. — Rare ; les côtes de Provence.

BUCCINUM MONTEROSATOI, Locard.

(Pl. fig. 15)

Buccinum Humphreysianum (pars auctorum).

Description. — Coquille de taille assez forte, d'un galbe fusiforme un peu allongé, un peu plus développée et notablement plus acuminée en dessus qu'en dessous. — Test mince, assez solide, subopaque, orné : de stries décurrentes extrêmement fines, assez rapprochées, peu profondes, un peu ondulées, assez régulières, et de stries d'accroissement longitudinales très nombreuses, à peine visibles, légèrement flexueuses, très rapprochées. — Spire élevée, composée de 7 1/2 à 8 1/2 tours peu étagés, à croissance lente et régulière, les premiers à profil un peu convexe surtout dans le bas, les deux ou trois derniers tours à profil légèrement concave dans le haut, vers la suture, puis convexe dans le bas sur les deux derniers tiers de la hauteur totale ; dernier tour bien développé, un peu plus grand à son extrémité que la moitié de la hauteur totale, à profil externe notablement concave au dessous de la suture, largement arrondi dans le milieu, allongé et atténué dans le bas. — Sommet lisse, obtus, brillant, d'un fauve très clair. — Suture linéaire, peu profonde, un peu oblique. — Ouverture oblique, assez grande, largement ovalaire, un peu rétrécie dans le haut, arrondie vers le bord externe, à profil ondulé; labre mince, tranchant, lisse à l'intérieur; accompagné extérieurement d'un ou plusieurs plis d'accroissement, minces mais un peu saillants, columelle très allongée, presque droite, lisse, avec un pli basal mal défini; callum très mince, peu étendu, reliant les deux bords de l'ouverture, à bords mal limités; canal largement ouvert, faiblement réfléchi, large, mais peu profond. — Coloration d'un roux corné pâle, avec une large zone infra-suturale un peu plus foncée, marbrée, souvent mal définie, et une autre zone basale plus étroite de même couleur; intérieur roux clair; columelle blanche, nacrée; callum brillant, de même coloration que le test. — Opercule?

Dimensions. — Hauteur totale : 53 à 56 millimètres.
Diamètre maximum : 28 à 30 millimètres.

Variétés. — *Flammulata.* — De même taille et de même galbe, mais monochrome, avec des flammules étroites plus foncées.

Observations. — Cette espèce paraît avoir été confondue, soit avec le véritable *Buccinum Humphreysianum* du nord, soit avec le *B. atractodeum* qui vit avec elle dans la Méditerranée, mais qui y est encore plus rare. C'est une forme peu connue et dont nous n'avons encore pu examiner qu'un petit nombre d'échantillons; cependant tous présentent les mêmes caractères, et ces caractères sont, comme nous allons le voir, suffisamment distincts de ceux des *Buccinum Humphreysianum* et *B. atractodeum* pour constituer une bonne espèce bien définie.

Nous dédions cette nouvelle forme à M. le marquis Allery de Monterosato qui, le premier, nous a signalé les différences qui existent entre la forme océanique et la forme méditerranéenne.

Rapports et différences. — On distinguera le *Buccinum Monterosatoi* du *Buccinum Humphreysianum* : à sa taille plus forte; à son galbe plus allongé; à son test orné de stries décurrentes tout aussi fines mais moins régulières, et surtout moins rapprochées; à ses stries d'accroissement plus accusées, de telle sorte que le test vu à la loupe présente un facies tout différent ; au profil de ses tours qui n'est plus simplement convexe, mais qui chez les deux ou trois derniers tours présente au-dessous de la suture une partie concave de plus en plus accusée à mesure que l'on se rapproche de l'ouverture ; etc.

Nous ne pouvons non plus confondre cette forme avec les *Buccinum atractodeum*. En effet, comme on le voit par les figurations de Kiener, il s'agit d'une coquille de taille plus petite que la nôtre, d'un galbe plus court, plus ramassé, plus ventru, avec le dernier tour plus gros, plus obèse, et les tours supérieurs notablement plus arrondis; enfin, avec une coloration et une ornementation toutes différentes.

Quant au *Buccinum inflatum* Benoît (1) qui appartient évidemment à ce même groupe, il paraît également plus ventru, quoique de taille à peu près similaire; ses tours ont un profil plus plein, non concave dans le haut, avec le dernier tour plus largement arrondi ; enfin son test est orné de stries plus fortes, plus profondément burinées ; au reste, comme l'a fait observer M. de Monterosato, on ne connaît pas cette dernière espèce à l'état vivant.

Habitat. — Rare; les eaux profondes des côtes de Provence dans la Méditerranée.

(1) C'est l'espèce que Philippi (1844. *Enum. moll. Sic.*, II, p. 193, pl. XVII, fig. 1) a décrite et figurée sous le nom de *Buccinum striatum;* ce nom ayant été déjà employé par Pennant (1776), M. le marquis de Monterosato avait proposé (1872, *Not. Conch. foss. monte Pellegrino e Ficarazzi*, p. 32) le nom de *Buccinum Kieneri*. Mais comme Deshayes avait également fait usage de ce nom pour une petite Nasse de la mer Rouge, M. Benoît, d'après les indications de M. le marquis de Monterosato (*Note intorno ad alc. artic. conchiologia mediterranea public. dal Weink. et Kobelt*, p. 5), a définitivement proposé le nom de *Buccinum inflatum*.

FIN

TABLE ALPHABÉTIQUE

NOTA. — Les caractères *italiques* indiquent les noms des espèces admises dans cet ouvrage; les caractères ordinaires sont réservés aux synonymies.

FIN DE LA TABLE ALPHABÉTIQUE

EXPLICATION DE LA PLANCHE

EXPLICATION DE LA PLANCHE

Fig. 1. *Nassa nitida*, Jeffreys, de Cette (Hérault).
— 2. — *Servaini*, Locard, de La Nouvelle (Aude).
— 3. — *Rochebrunei*, Locard, du cap Cicié (Var).
— 4. — *interjecta*, Locard, de Saint-Tropez (Var).
— 5. — *reticulata*, Linné, de Cannes (Alpes-Maritimes).
— 6. — *Bourguignati*, Locard, de l'étang de Thau (Hérault).
— 7. — *Poirieri*, Locard, de Saint-Tropez (Var).
— 8. — *isomera*, Locard, de Dunkerque (Nord).
— 9. — *affinis*, Risso, de Cette (Hérault).
— 10. — *pygmæa*, Lamarck (grossi), de l'île de Ré.
— 11. — *cutacta*, Locard, de Batz (Loire-Inférieure).
— 12. — *semistriata*, Brocchi, de Royan (Charente-Inférieure).
— 13. — *ovoidea*, Locard, de Royan (Charente-Inférieure).
— 14. *Amycla elongata*, Locard, de Nice (Alpes-Maritimes).
— 15. *Buccinum Monterosatoi*, Locard, au large de Marseille (Bouches-du-Rhône).

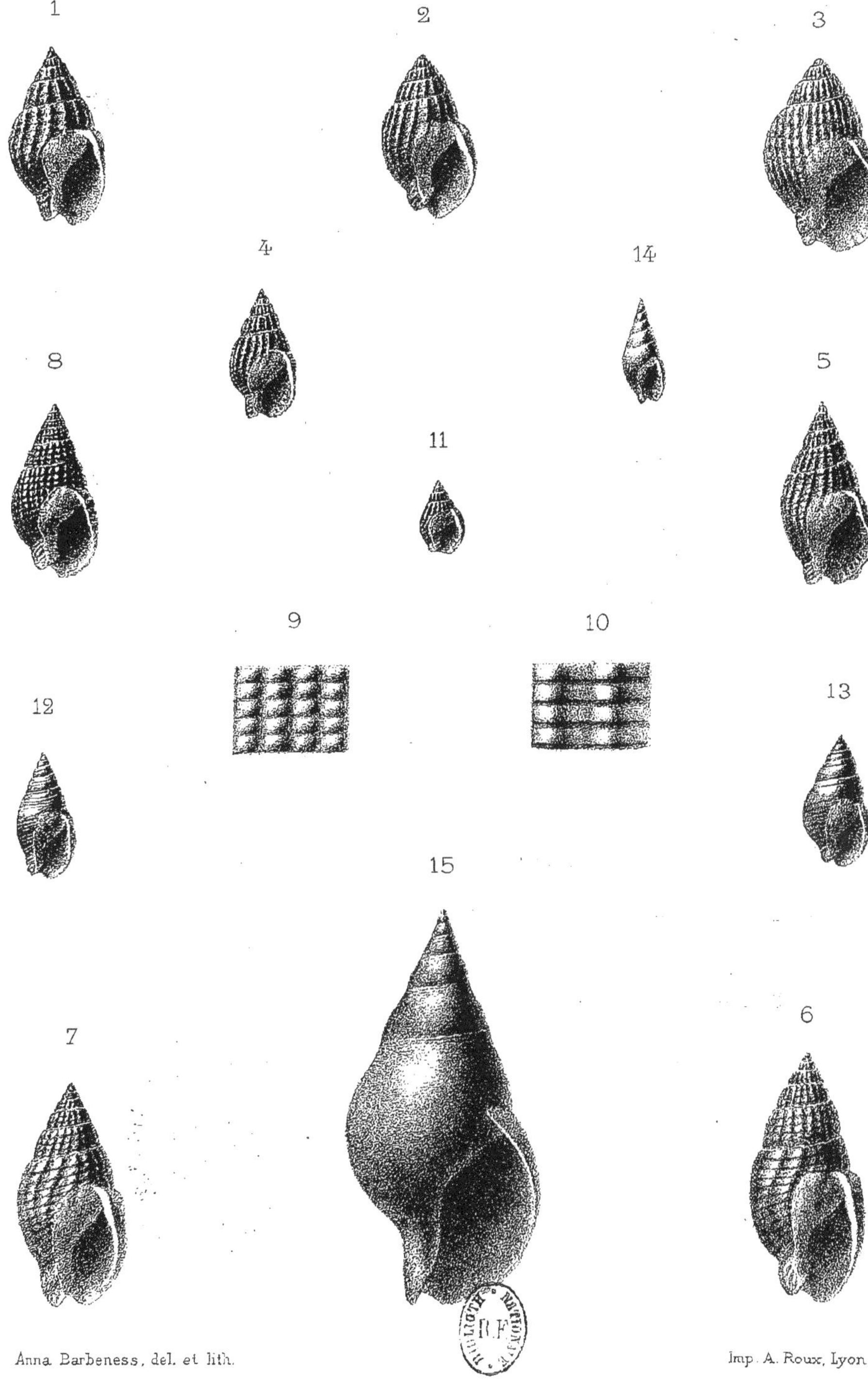

Anna Barbeness, del. et lith.

Imp. A. Roux, Lyon

www.ingramcontent.com/pod-product-compliance
Ingram Content Group UK Ltd.
Pitfield, Milton Keynes, MK11 3LW, UK
UKHW020155200726
13856UKWH00003B/1016

9 782013 577946